LA PROVINCE ET L'IRIS

RÉUNIES,

SOCIÉTÉS D'ASSURANCES MUTUELLES

CONTRE LA GRÊLE,

Autorisées par Ordonnances, Arrêté et Décrets du Gouvernement.

MANUEL DES AGENTS

ET DES EXPERTS-VÉRIFICATEURS

PAR

M. Louis SAMAZAN,

SECRÉTAIRE GÉNÉRAL ET CHEF DE COMPTABILITÉ.

DEUXIÈME ÉDITION.

DIRECTION GÉNÉRALE :

PLACE LOUIS-NAPOLÉON, No 18,

A TOULOUSE.

SOMMAIRE GÉNÉRAL.

Toulouse, Impr. de CALMETTES et comp., rue des Balances, 43.

INTRODUCTION.

Au commencement de l'année 1851, j'eus la pensée de formuler dans un *Manuel des agents et des experts-vérificateurs*, des instructions qui devaient être, pour les mandataires de la société l'*Iris*, à laquelle j'appartenais depuis son origine, un guide précieux. Un semblable travail n'avait été encore entrepris, du moins sur une échelle aussi vaste, par aucune société d'assurances contre la grêle. Aidé par une longue pratique des affaires et une étude approfondie de la matière, j'eus le bonheur, je dois le dire, d'atteindre le but que je m'étais proposé : l'instruction de MM. les Agents-Généraux. Mon *Manuel* ne fut donc pas une œuvre inutile, et les opérations qui se faisaient auparavant d'une manière incertaine, souvent imparfaite, furent exécutées avec plus d'ordre et d'ensemble. Ce progrès fut pour moi un précieux encouragement, et il me valut un témoignage bien flatteur des hommes honorables qui dirigeaient l'institution.

De nouvelles et larges réformes ont été accomplies depuis la publication de cet ouvrage.

L'*Iris* et la *Province*, créées en 1844, ayant leur siége à Toulouse et opérant dans les mêmes départements, furent longtemps rivales; mais, en 1853, elles ont été réunies sous l'action dirigeante d'un seul directeur et d'un même personnel. M. Fargues, avocat, fondateur et directeur de la *Province*, fut nommé aux mêmes fonctions pour l'*Iris*. Nul n'était plus digne et plus apte à remplir ces fonctions honorables : intelligence, connaissance des affaires, esprit conciliant et aménité de caractère, telles sont ses qualités. Plus tard, il a été décidé qu'avec les éléments de ces deux sociétés on formerait deux associations spéciales : une pour les *céréales* et les *tabacs*, et l'autre pour les *vignes*.

On comprend que ces transformations ont dû produire des innovations dans les diverses branches du service, et que le matériel des polices et de la comptabilité a dû subir des changements.

Maintenant que tous les jalons ont disparu et que le sentier de l'avenir est parfaitement tracé, nous avons dû réviser notre *Manuel*, afin d'établir un guide assuré que MM. les Agents pourront parcourir avec sûreté et confiance. Nous nous sommes efforcés de faire marcher de front la théorie et la pratique, afin que notre travail présentât une utilité réelle et journalière.

Nous recommandons d'une manière toute particulière à MM. les Agents, l'étude du chapitre relatif au recouvrement des cotisations, et nous insisterons sur l'exécution des instructions qui y sont ramenées; car, en matière d'assurances mutuelles, il importe que la Société, sur qui incombe tout le poids de la responsabilité, puisque tous les risques pèsent sur elle, alors que l'assuré n'est tenu qu'au paiement d'une faible cotisation, hors de proportion avec l'assurance, il importe, disons-nous, que la société puisse faire rentrer exactement les parts contributives, qui forment le fonds social à répartir aux ayants-droit. Or, toute difficulté, tout retard apporté dans le paiement des dites cotisations gêne et entrave le fonctionnement normal des opérations. On doit donc, dans l'intérêt de tous, s'efforcer d'éviter cet écueil, et on y parviendra en suivant les conseils dictés par l'expérience.

Nous recommandons aussi à MM. les Experts-Vérificateurs préposés à la constatation des sinistres, de se conformer aux principes et aux règles tracés dans le chapitre des expertises. Toute opération faite avec intelligence, discernement et une parfaite connaissance, toute évaluation impartiale et juste, commandera toujours la confiance des agriculteurs.

Le Secrétaire-Général des sociétés la *Province* et l'*Iris* réunies, Chef de Comptabilité,

Louis SAMAZAN.

Toulouse, le 1er avril 1855.

ORIGINE DES ASSURANCES.

L'assurance n'était pas connue des anciens.

Protégée contre la fraude et le crime des hommes, par des lois nombreuses et sages, la propriété restait entièrement exposée aux désastres produits par la tempête, l'incendie, la grêle.

Au quinzième siècle seulement apparaît d'une manière certaine le contrat d'assurance, appliqué aux entreprises du commerce maritime, et l'ordonnance de Barcelonne est le monument le plus ancien de la législation sur cette matière.

Pendant ce siècle, des découvertes nombreuses furent faites par des navigateurs hardis. Gonzalo Vello, portugais, découvre les *Açores*, en 1448; — Antoine Nolli, gênois, abordait aux *Iles du Cap-Vert*, en 1449; — *la côte de Guinée* fut signalée en 1471, par Jean de Santaren et Pierre Escovar, portugais; — *le Congo*, en 1484, par Diégo Cam, portugais; — *le cap de Bonne-Espérance*, en 1486, par Dias, portugais; — l'*Amérique* (île San-Salvador), fut découverte dans la nuit du 11 au 12 octobre 1492 par Christophe Colomb, gênois de naissance, au service de l'Espagne; en 1493, il signale *les Antilles*, et en 1498, il découvre *la Trinité* (continent de l'Amérique); — *les Indes* (côtes orientales d'Afrique), sont conquises en 1498, par Vasco de Gama; — Enfin Ojéda et Améric Vespuce, abordent, en 1499, sur les côtes orientales de l'*Amérique*.

Ces découvertes étaient de nature à enflammer l'imagination des navigateurs et à exciter les spéculations des négociants. Les mers furent donc sillonnées de navires explorateurs ou trafiquants, et le commerce maritime devint l'une des sources les plus fécondes de la richesse publique et de la fortune des particuliers.

Mais comme ces explorations dans des mers lointaines, n'étaient pas sans périls, et que l'exemple d'armateurs ruinés par la tempête se présentaient nombreux à l'esprit du commerçant qui voulait exporter ses marchandises, il chercha par la pensée les précautions à prendre non pas contre la tempête elle-même, mais contre ses conséquences désastreuses, et, par une convention, il fit garantir les vaisseaux et les objets dont ils étaient chargés.

« Les chances de la navigation, dit l'*exposé des motifs du » Code de commerce français*, entravaient le commerce. Le sys- » tème des assurances a paru : il a consulté les saisons; il a » porté ses regards sur la mer ; il a interrogé ce terrible élé- » ment; il en a jugé l'inconstance; il en a pressenti les orages; » il a épié la politique ; il a reconnu les ports et les côtes des » deux mondes ; il a tout soumis à des calculs savants, à des » théories approximatives, et il a dit au commerçant habile, au » navigateur intrépide : Certes, il y a des désastres sur les- » quels l'humanité ne peut que gémir; mais quant à votre » fortune, allez, franchissez les mers, déployez votre activité » et votre industrie, je me charge de vos risques. Alors, il » est permis de le dire, les quatre parties du monde se sont » rapprochées. »

En 1807, quand fut décrété le Code de commerce, le législateur traça les principes de l'assurance maritime et posa la loi qui devait régir cette matière : mais il ne parla pas des assurances terrestres qui étaient alors, sinon inconnues, du moins à l'état d'enfance.

Ainsi, les assurances terrestres, en France, sont d'origine toute contemporaine.

Quelles causes ont pu retarder ainsi le développement d'un contrat qui, prémunissant contre les accidents physiques ou de force majeure, donne au propriétaire une sécurité égale à celle que l'assurance maritime accorde au commerce dont elle a si puissamment contribué à accroître la prospérité ?

Pour se développer, il fallait à l'assurance terrestre deux choses essentielles : la division de la propriété, immobilisée autrefois entre les mains de la noblesse, et, de plus, la protection d'un gouvernement régulier et paisible.

Or, qui ne sait l'état d'oppression et de misère qui, au temps de la féodalité, pesait sur les peuples et les serfs attachés à la glèbe comme l'accessoire du sol ? Qui n'a appris les guerres incessantes, véritables fléaux, que suscitait l'ardente ambition des seigneurs tenanciers ou un regrettable fanatisme ?

Après la chute de la féodalité, il semble qu'aurait dû surgir, comme l'une des conséquences de la division de la propriété et de l'esprit d'association qui s'était formé dans les masses pour échapper à l'oppression et entrer dans le mouvement général d'émancipation, l'application du système des assurances aux propriétés mobilières; car si les périls de la mer, qui avaient suggéré la pensée de l'assurance maritime, sont grands et terribles, on ne saurait nier que ceux qui assiègent la propriété soient moins graves et moins sérieux. Les cas fortuits d'incendie et la grêle surtout ne sont-ils pas une menace permanente pour la propriété ? Mais les entraves apportées à l'industrie, la difficulté des communications, la diversité des coutumes locales, l'imperfection des calculs statistiques et des moyens administratifs, tout cela recula l'époque où devaient apparaître ces institutions si utiles.

Ce fut l'Angleterre qui, la première, adopta pour la propriété foncière les combinaisons du contrat d'assurance.

En France, quelques timides essais furent tentés au XVIIIe siècle; mais les commotions politiques et sociales qui éclatèrent vers la fin de ce siècle, arrêtèrent l'élan de ces institutions naissantes qui furent refoulées et disparurent pour quelque temps. Ce ne fut que lorsque les dissensions politiques furent calmées, et que la paix eut succédé aux guerres intérieures et extérieures que soutint la France pendant vingt ans, que, rassurés sur l'avenir, les esprits se tournèrent vers les grandes combinaisons commerciales ou financières.

Autant l'assurance terrestre fut lente à se produire, autant son expansion fut ensuite rapide, soudaine; elle a été promptement popularisée, car elle portait en elle un principe éminemment utile, moral et réparateur. Vainement quelques esprits systématiques et prévenus cherchèrent à en arrêter l'essor énergique; les bienfaits qu'elle répandait de toutes parts firent tomber pour toujours les préjugés qui l'avaient d'abord accueillie. Aujourd'hui nul ne saurait contester les avantages inappréciables d'un système que le gouvernement a protégé et dont il a facilité le développement au profit de la Société tout entière.

« C'est surtout de l'assurance terrestre, écrit M. Lemonnier, » que l'on peut dire que son principe est identique à celui de » toute société humaine, en ce qu'il pousse directement à l'as- » sociation intégrale de tous et de chacun. »

De tous les fléaux qui assiègent la propriété, le plus terrible, sans contredit, est celui de la grêle. Avec les connaissances nautiques des marins de notre époque et les perfectionnements apportés à l'art maritime, il est certain qu'on doit moins redouter qu'autrefois les sinistres sur mer. Par de sages précautions, avec de la prudence, on peut éviter les sinistres d'incendie. Mais en est-il de même pour le fléau de la grêle? Ici nulle volonté, nulle prudence, nulle puissance humaine ne peut conjurer les terribles effets de l'orage, dont la marche est capricieuse et imprévue, et qui porte dans son sein la ruine et la désolation.

Toulouse fut le berceau de la première société d'assurance mutuelle contre la grêle; elle fut fondée par M. Barrau.

« Si je réussis dans mon entreprise, disait ce fondateur, » quel avenir séduisant se déroute devant mes yeux! combien » de larmes dont j'aurai tari la source! Les jouissances de la » propriété ne seront plus empoisonnées de soucis et d'amer- » tume; l'agriculteur ne frissonnera plus dans la saison des » orages à l'aspect des nuages qui planent sur sa tête.... »

S'il n'a pas été donné à M. Barrau de voir ses efforts couronnés de succès, du moins ses vœux ont été exaucés.

Trois sociétés, rayonnant sur le midi de la France, ont aujourd'hui leur siege à Toulouse : La *Société mutuelle*, la *Province* et l'*Iris*.

Ces deux dernières ont été fondées en 1844 avec l'approbation du gouvernement. Pendant neuf ans il n'exista entr'elles d'autres sentiments que ceux d'une loyale concurrence et d'une réciproque émulation. Elles se sont réunies, en 1853, dans un but d'économie, qui a grandi leur force.

Avec les éléments de chacune d'elles, il a été formé deux sociétés spéciales :

La *Province* n'assure que les *céréales ;*

L'*Iris* réunit toutes les assurances des *vignes*.

On comprend qu'une semblable combinaison doit produire, dans l'avenir, les meilleurs résultats. Qui ne reconnaitrait, en effet, qu'en constituant une société puissante pour les céréales, et en établissant une société viticole, unique dans l'espèce, avec un nombre imposant d'assurés, on ne soit en mesure d'offrir des résultats réellement supérieurs?

L'esprit d'association, sans lequel rien de grand ne peut être entrepris, s'étend et se fortifie par cette combinaison, et désormais les propriétaires des céréales trouveront dans une société spéciale, dont les traditions sont on ne peut plus honorables, des garanties certaines contre les atteintes du fléau de la grêle, en même temps que les propriétaires de vignobles auront dans une société unique pour cette branche si importante de l'agriculture, des ressources d'autant plus efficaces que la cohésion sera plus grande et la masse des assurances plus forte.

INSTRUCTIONS GÉNÉRALES.

CHAPITRE Ier.

Organisation des Sociétés.

Directeur Général.

Article premier. La *Province* et l'*Iris* sont gérées par un Directeur général, dans les mains duquel sont concentrés des pouvoirs souverains qui, seuls, peuvent donner la force et l'unité nécessaires à une organisation solide et durable.

La Direction est le centre commun dont l'action rayonne sur toute l'étendue territoriale des Sociétés ; c'est le point unique où viennent aboutir toutes les opérations, fonctionner avec ordre tous les rouages administratifs, s'harmoniser les diverses branches du service, et, sous l'influence d'une loi commune, se confondre tous les intérêts.

Secrétaire Général.

Art. 2. En cas d'absence ou d'empêchement du Directeur général, il est remplacé par le Secrétaire Général qui, délégué par le Conseil d'Administration, concourt à la gestion du service.

Conseil d'administration.

Art. 3. La Direction est placée sous la surveillance d'un conseil d'administration composé de douze membres, tous choisis par l'assemblée générale des sociétaires.

Conseil Général.

Art. 4. Les opérations des Sociétés sont définitivement arrêtées, chaque année, par un Conseil général formé des plus forts sociétaires de chaque arrondissement.

Comité de Censure.

Art. 5. Dans chaque canton il est institué deux Censeurs, chargés, sous leur responsabilité morale, de surveiller les opérations des agents des Sociétés et de veiller à l'exécution des Statuts et règlements émanés de l'administration.

Inspecteurs.

ART. 6. Les Inspecteurs sont chargés d'exécuter les ordres et les instructions particulières que leur transmet la Direction ; ils reçoivent un mandat et des pouvoirs spéciaux.

Il y a des inspecteurs, dont un Inspecteur-Général, attachés à la Direction générale ; leur mandat s'étend à tous les départements composant la circonscription des Sociétés.

Il y a aussi des inspecteurs divisionnaires, dont les pouvoirs sont circonscrits à un ou plusieurs départements.

Leurs principales fonctions consistent :

1° A organiser le service des agences ; à réorganiser celles devenues vacantes, soit par suite de démission, soit par suite de décès, soit par tout autre motif ; à procéder au remplacement des titulaires qui, par leur inactivité, ne procureraient à la Société que des résultats négatifs ou peu satisfaisants, ainsi que ceux qui leur paraîtraient s'écarter de leur devoir ;

2° A rechercher, avec le concours de Messieurs les Agents, des adhésions ;

3° A vérifier, examiner et contrôler les opérations, la comptabilité et la caisse des agences ; à recevoir les comptes des titulaires, et, sur un pouvoir spécial de la Direction, le solde en espèces de ces comptes ;

4° A donner verbalement, soit aux Agents, soit aux Assurés, les instructions, les renseignements et les explications qu'ils croiront nécessaires au besoin du service ;

5° A diriger les opérations d'expertise de Messieurs les Préposés des Sociétés et à concourir, avec eux, au règlement des dommages ;

6° Enfin, à présenter, devant les tribunaux de paix ou autres, lorsqu'il y aura lieu, la défense des droits des Sociétés.

Agents Généraux.

ART. 7. Les Sociétés sont représentées, dans les principaux cantons de leur circonscription, par des mandataires, sous le titre d'Agents-Généraux.

Les fonctions et les attributions de Messieurs les Agents-Généraux sont déterminées par les pouvoirs qui leur ont été transmis et par les présentes instructions. Ils ont seuls qualité pour signer les polices, et ne peuvent substituer.

CHAPITRE II.

Des fonctions de Messieurs les Agents-Généraux, des limites de leurs pouvoirs et de leurs rétributions.

Moyens à employer pour obtenir des assurances.

Art. 8. Messieurs les Agents-Généraux ont pour mission de rechercher les assurances, de signer les adhésions-polices et tous actes y relatifs, d'encaisser les cotisations, de défendre les intérêts des Sociétés, en un mot, d'agir en leur nom, comme pour eux-mêmes, dans les limites de leur pouvoir et des instructions particulières qu'ils reçoivent de la Direction ou des Inspecteurs par elle délégués.

Art. 9. Les assurances contre la grêle, en cela bien différentes des assurances contre l'incendie, ne sont pas de toute saison, car le risque n'est pas permanent, il est momentané; aussi, d'ordinaire, elles ne se traitent avec facilité que lorsque les récoltes commencent à couvrir le sol d'une féconde végétation.

Alors les propriétaires, soucieux de leur bien-être, et les cultivateurs qui, en échange de leurs labeurs, ne demandent à la terre que l'existence nécessaire à leur famille, voient s'approcher avec anxiété l'époque si redoutée des orages.

Et si la grêle, faisant une apparition soudaine, vient promener ses ravages et dévaster prématurément des récoltes naissantes, on les trouvera d'autant moins rebelles à l'assurance, que, sous les garanties tutélaires d'une Société fortement organisée, ils peuvent retrouver seulement leur sécurité si justement troublée.

Messieurs les Agents-Généraux doivent, en conséquence, dès le commencement de chaque saison, user de tous les moyens en leur pouvoir, pour mettre le public en état d'apprécier les avantages des assurances. Ils s'attacheront à les populariser dans l'étendue de leur agence. Tous leurs efforts doivent tendre vers ce but : *Obtenir des adhésions et en multiplier le nombre avec discernement.* Ils feront à cet effet, des démarches actives et constantes auprès des propriétaires, des agriculteurs, des fermiers et des colons; ils mettront en œuvre tous les éléments de leur influence personnelle, et ils profiteront de leurs relations d'affaires, d'amitié et de parenté pour propager les bienfaits de nos institutions.

Ils devront rechercher le patronage de personnes honorables, bien connues et bien considérées dans la contrée, car leur exemple influe considérablement sur les masses. Cela est si vrai, que bien des agences qui, pendant longtemps, avaient péniblement fonctionné et ne donnaient que des résultats presque négatifs, ont, sous l'action protectrice d'un patronage honorable, produit rapidement des résultats très satisfaisants. L'expérience a donc démontré d'une manière certaine : que lorsqu'on pouvait faire valoir auprès des propriétaires et des agriculteurs, l'exemple de personnes considérables de la contrée, le succès était bien plus facile. En effet, quelles appréhensions, quelles défiances peut-on concevoir à l'endroit d'une institution qui a obtenu l'adhésion de citoyens éclairés ?

Appositions d'affiches et publications.

ART. 10. Messieurs les Agents-Généraux devront aussi, de temps à autre, faire apposer des affiches, distribuer les prospectus qui leur sont envoyés par la Direction, et, lorsqu'ils en auront les moyens, comme cela arrive souvent dans les petites localités, faire faire des insertions dont la Direction leur donnera le modèle, dans des journaux empressés de les accueillir même gratuitement.

Mais si les affiches, les prospectus et autres moyens de publicité font connaître les Sociétés et l'Agent-Général, ils ne sont pas toujours suffisants pour déterminer l'assurance. Rarement les personnes susceptibles de s'assurer viennent trouver, dans son bureau, le mandataire de la Société. Celui-ci ne réussit, au contraire, qu'en provoquant directement l'adhésion ; car, avant de prendre une décision, les propriétaires et les agriculteurs ont besoin d'être persuadés, convaincus des avantages qu'ils trouveront dans l'association, et on ne peut y parvenir qu'en leur donnant des explications verbales et en leur citant des exemples. Ce n'est souvent qu'à force d'instance qu'on les décide à souscrire un engagement qui, dans un moment venu, peut les préserver de la gêne la plus grande. Si on ne réussit pas à une première démarche, on doit en faire une seconde et plusieurs autres s'il le faut, sans crainte d'importuner, car on n'importune pas celui que l'on recherche pour lui rendre service et lui prêcher la prévoyance. Si la police peut se conclure de suite, on doit se garder d'en renvoyer la rédaction au lendemain ou à plus tard, parce que, dans l'intervalle, s'il survenait un sinistre, le propriétaire n'aurait pas droit à l'indemnité, et, en outre, il pourrait survenir d'autres difficultés qui rendraient plus tard impossible la réalisation des conventions faites verbalement.

Préjugés à détruire.

Art. 11. La grêle est un fléau dont nulle prévision humaine ne saurait conjurer les effets désastreux. Elle tombe par masse, et s'étend souvent sur un espace très-vaste; sa marche est capricieuse et imprévue ; elle ravage quelquefois des régions qu'elle avait épargnées pendant longtemps; mais, là où elle s'arrête, elle répand la ruine et la désolation.

Vainement des hommes systématiques se prétendent-ils privilégiés, par le motif que depuis longtemps il n'a pas grêlé dans leurs contrées : l'expérience ne démontre t-elle pas tous les jours que si les combinaisons humaines sont impuissantes à conjurer le fléau, nul ne peut se dire avec certitude : — mes récoltes sont à l'abri du désastre qu'occasionne la grêle. Aussi l'imprévoyance est plus qu'une faute chez l'agriculteur et chez le père de famille surtout.

Il est des propriétaires qui, pour ne pas grossir leurs charges, et se créer, suivant un préjugé funeste, de nouveaux impôts, reculent devant l'assurance. — Les arguments que la raison inspire, font justice de semblables exceptions.

En effet, s'il est vrai que l'assurance soit une sorte d'impôt, on ne saurait contester qu'il n'en est pas de plus nécessaire et de plus moral, et qui offre une plus large compensation; car la grêle détruisant les seules ressources d'un propriétaire, où trouvera-t-il les moyens de remplir ses engagements, si ce n'est dans la caisse de secours mutuels? D'un autre côté, l'esprit du siècle, nos besoins, les crises que nous avons traversées, tout fait incliner et porte insensiblement les masses vers un but salutaire et réparateur : celui de l'association. Chaque jour amène un nouveau progrès, car chaque jour aussi on constate, on reconnait et on apprécie les immenses avantages que la propriété et l'agriculture retirent des sociétés qui, fonctionnant sous la garantie du gouvernement, portent en elles ce principe ou ce caractère de légalité et de stabilité qui fait leur force.

Ainsi l'assurance, pour la conservation du revenu, est une nécessité; elle est donc moralement obligatoire pour le propriétaire, pour l'agriculteur, pour le colon et pour le fermier; et c'est en faisant valoir auprès d'eux les considérations développées plus haut, qu'il sera facile d'obtenir leur adhésion.

Renouvellement d'assurances.

Art. 12. S'il est nécessaire de chercher à étendre les opérations, il n'est pas moins utile de veiller à la conservation des assurances déjà souscrites, et d'empêcher qu'elles ne passent à d'autres sociétés. Dans ce but, il est bon de se préparer un an, deux ans même à l'avance, à les renouveler, en stipulant que la nouvelle assurance aura cours à partir de l'échéance de l'ancienne.

Reprises sur les autres Sociétés.

Art. 13. Les démarches des Agents-Généraux doivent s'étendre également à solliciter la reprise, en faveur de La *Province* et de l'*Iris*, des assurances souscrites à d'autre sociétés et qui arrivent à leur terme. Il sera bien de prévenir les démarches des concurrents, en faisant souscrire les polices à l'avance, avec cette condition qu'elles n'auront d'effet qu'à l'expiration du premier engagement.

Avantages qu'on peut retirer d'une agence bien dirigée.

Art. 14. Certains mandataires n'ont pas bien apprécié les avantages que peut leur procurer une agence administrée d'une manière convenable. Si les remises leur paraissent insuffisantes au premier abord, c'est parce qu'ils basent leurs opérations sur un petit nombre d'assurances ; mais s'ils emploient des moyens propres, efficaces pour vaincre les difficultés et multiplier les affaires, ils s'apercevront que, loin d'être minime, la rétribution qui leur est accordée est au contraire très-élevée, comparativement aux autres industries.

Il est des agences qui ne produisent rien ou presque rien, non pas parce que le public a des préférences pour une autre société, parce qu'il est impossible de soutenir la concurrence, enfin parce qu'on est peu disposé à s'assurer, à cause de la rareté des sinistres, mais bien plutôt parce que, imbus de cette idée que les propriétaires doivent venir en foule se faire assurer à la seule vue d'une affiche ou d'un prospectus, les titulaires ont négligé, cette voie ne leur ayant pas réussi, d'employer des moyens plus actifs qui seuls pouvaient leur assurer le succès.

Quoique les assurances ne se fassent pas partout avec la même facilité, on peut néanmoins, dans les contrées les moins favorables, par des efforts persévérants, en multipliant les démarches, en mettant en jeu tous les éléments d'influence personnelle et autres dont on peut disposer, parvenir à poser les bases d'une bonne agence : cela dépend uniquement du mandataire.

Circonscription de l'agence.

Art. 15. La circonscription de l'agence est déterminée au moment de la nomination de Messieurs les Agents-Généraux. Elle peut être augmentée par la réunion d'un ou plusieurs cantons limitrophes, lorsque les opérations prendront de notables développements. Mais, par contre, la Direction se réserve le droit de détacher les localités qui ne lui paraîtraient pas convenablement exploitées.

Faculté d'assurer hors des limites de la circonscription de l'agence.

Art. 16. Tout Agent-Général a le droit de recueillir des assurances dans tous les départements composant la circonscription des Sociétés, en se conformant au tarif en vigueur dans chaque localité; mais il ne peut constituer des agents particuliers et faire apposer des affiches que dans les limites territoriales de son agence.

Assurances des propriétés des agents.

Art. 17. Lorsque Messieurs les Agents-Généraux voudront faire assurer leurs propriétés, ils rédigeront les polices en double expédition et ils les adresseront à la Direction pour être approuvées, car ils ne peuvent signer eux-même, d'abord comme assurés, et ensuite comme mandataires des Sociétés, les contrats d'assurance les concernant.

Remises des Agents Généraux.

Art. 18. Il est alloué aux Agents-Généraux pour leurs peines et soins et pour leur tenir lieu de tout traitement :

1° 20 centimes p. 0|0 la première année, sur la valeur des récoltes qu'ils feront assurer, soit directement, soit par leurs intermédiaires;

2° 15 centimes p. 0|0 les quatres années suivantes, sur les mêmes valeurs, les assurances étant souscrites pour cinq années;

3° La moitié du prix de 2 fr. payé par les assurés pour le coût de la police et de l'expédition, soit 1 fr. par chaque assurance.

Cette allocation ne se prélève pas d'avance; elle n'est due qu'au fur et à mesure du recouvrement des cotisations.

Reprise de service.

Art. 19. En cas de démission, de révocation ou de décès, les Agents ou leurs ayants-cause, sont tenus de remettre au successeur ou à l'inspecteur chargé de la reprise du service, toutes les valeurs et tous les billets de cotisation non encaissés dont ils sont dépositaires, ainsi que les polices, les registres, la correspondance et tous les imprimés appartenant aux Sociétés.

Tout droit aux remises cesse avec la fonction.

Art. 20. Quelle que soit la cause de la cessation de fonctions, Messieurs les Agents n'ont droit à aucune indemnité, ni à aucune commission ou remise sur les cotisations échues ou à échoir qui ne seraient pas recouvrées lors de la reprise de service, soit que ces cotisations proviennent de gestions antérieures à la leur, soit qu'elles aient été le résultat de leur propre gestion.

Art. 21. Les Agents-Généraux, en cas d'absence ou de maladie, ne peuvent se faire remplacer que sous leur propre responsabilité et avec l'approbation préalable de l'Administration.

Il leur est en outre formellement interdit de se charger d'aucune autre Société ou compagnie d'assurance contre la grêle.

Frais à la charge de la Direction.

Art. 22. La Direction prend à sa charge :

1° Tous les frais de port de lettres et de paquets qu'elle adresse à ses mandataires;

2° Le remboursement des mêmes frais faits par les Agents dans leurs relations avec les inspecteurs ou autres délégués, pour toutes choses concernant les intérêts des Sociétés;

3° Et les frais d'insertion dans les journaux, après autorisation préalable.

Frais à la charge des Agents.

Art. 23. Les frais de port de lettres et de paquets avec leurs intermédiaires, les frais de voyage pour l'obtention des assurances et le recouvrement des primes, ainsi que tous les autres frais que pourraient faire Messieurs les Agents-Généraux dans l'intérêt du service et pour l'accomplissement de leur mandat, sont et demeurent à leur charge.

Gratification en sus des remises.

Art. 24. La Direction, prête à tous les sacrifices pour récompenser l'activité et le zèle des Agents-Généraux qui auront le plus contribué aux succès des Sociétés, répartira des gratifications proportionnées à l'importance des opérations, mais dont le maximum des valeurs assurées devra être, dans l'année, de cinquante mille francs. Au-dessous de ce chiffre, on ne pourra pas être admis à concourir pour cette rétribution extraordinaire.

CHAPITRE III.

Des Agents auxiliaires ou particuliers.

Art. 25. Chaque Agent-Général est tenu de s'adjoindre des Agents-Particuliers, pour le seconder dans la recherche des assurances et dans ses rapports avec les assurés.

Mais il lui est interdit d'établir des Agents auxiliaires hors du cercle de son agence.

Art. 26. Ils ne peuvent ni remettre aux intermédiaires des polices signées en blanc ni leur donner l'autorisation de les signer eux-mêmes ou de prendre, au nom des Sociétés, aucun engagement, à quelque titre que ce soit.

Art. 27. Les Agents-Particuliers ne reçoivent aucun pouvoir direct ni indirect de la Direction ; ils ne peuvent en rien, et sous aucun prétexte, engager les Sociétés ; ils sont entièrement sous la dépendance et la responsabilité de Messieurs les Agents-Généraux qui les nomment et les commissionnent.

Fonctions des Agents Particuliers.

Art. 28. Leurs fonctions consistent :

A faire des démarches nécessaires pour l'obtention des adhésions ;

A transmettre immédiatement ces actes à l'Agent-Général ;

A remettre aux Assurés les polices définitives ;

A faire le recouvrement des cotisations afférentes aux assurances qu'ils auront provoquées ;

A suppléer enfin l'Agent-Général dans les limites de leurs attributions, en se conformant aux instructions qu'ils en auront reçues.

Choix des Agents auxiliaires.

Art. 29. La composition du personnel des Agents-Particuliers doit se faire avec discernement. Rarement, les personnes qui acceptent par pure obligeance ce mandat, obtiennent des résultats. Mais les hommes qui se présentent d'eux-mêmes pour remplir cet emploi, sont ceux qui réussissent le mieux, parce qu'ils se livrent sérieusement à la recherche des adhésions. Il en est même qui font, des assurances, une occupation exclusive ; ce sont ceux-là qu'on doit s'attacher de préférence, si, par leur moralité, ils présentent des garanties suffisantes.

Rétribution à leur accorder.

Art. 30. La rétribution des Agents auxiliaires est à la charge des Agents-Généraux. Ils ont seuls le droit de fixer, comme bon leur semble, l'allocation qu'ils leur accorderont.

Quoique la Direction n'intervienne pas dans leurs arrangements à cet égard, elle conseille néanmoins d'élever le plus possible cette rétribution. Il est facile, en effet, de concevoir que plus les auxiliaires trouveront d'avantages dans les remises qui leur seront allouées, plus ils seront intéressés à multiplier les opérations; et il vaut mieux, en pareil cas, se contenter d'une faible portion sur des affaires nombreuses, que, par un calcul mal entendu, se réserver la meilleure part sur des opérations nécessairement rares, si les auxiliaires n'étaient pas encouragés à les provoquer.

Que chaque Agent-Général se pénètre bien de ces deux vérités :

Que ce n'est qu'en faisant des sacrifices sur les remises de première année qu'il peut s'attacher de bons correspondants et étendre les opérations de leur agence, dont les produits futurs compenseront largement les premiers déboursés ;

Que l'intermédiaire des Agents-Particuliers lui est indispensable pour exploiter les divers points de son territoire, où son action *personnelle* ne peut s'exercer complètement, et que la majeure partie des assurances procurées par ses auxiliaires seraient très-probablement perdues pour lui s'il en était réduit à ses propres démarches.

Commission à délivrer aux Agents particuliers.

Art. 31. MM. les Agents-Généraux délivreront à leurs Agents-Particuliers une commission dressée sur le modèle dont ils sont pourvus ou qui leur sera envoyé. Elle sera revêtue de leur signature.

Art. 32. Le zèle des auxiliaires devra être fréquemment stimulé par les Agents-Généraux, soit par une correspondance active, soit par des visites personnelles. Ils leur donneront toutes les instructions nécessaires pour qu'ils agissent avec intelligence et discernement.

CHAPITRE IV.

Divers systèmes d'Assurances.

Art. 33. Il existe deux systèmes d'assurances : celui de la prime fixe, celui de la mutualité.

Assurance à prime fixe.

Art. 34. Bornée jusqu'à ce jour à trois espèces de risques : risques contre l'incendie, risques maritimes et risques sur la vie, l'assurance à prime n'a tenté que quelques essais contre d'autres fléaux, tous suivis de résultats impuissants et négatifs.

Diverses compagnies à prime fixe ont successivement essayé de garantir les moissons contre les ravages qu'occasionne le fléau de la grêle. Ainsi, on vit se produire, de 1838 à 1842, sous la forme de grandes compagnies en commandite, l'*Eclair*, l'*Union agricole*, la *Rurale*, la *Glaneuse*, l'*Egide*, la *Royale*, le *Paragrêle*, etc., etc. Mais de toutes ces compagnies qui se disaient millionnaires, il ne reste plus de leur existence que le souvenir du mal qu'elles produisirent et de la déconsidération dont les institutions les plus honorables reçurent momentanément le contre-coup.

Aussi, éclairés par l'expérience, le propriétaire et l'agriculteur ne se laissent plus séduire par des promesses qui, pour être brillantes, n'en étaient que plus trompeuses, et ils repoussent toutes les propositions qui leur sont faites par de pareilles entreprises.

Assurance mutuelle.

Art. 35. L'assurance mutuelle, au contraire, étend principalement ses bienfaits sur les produits agricoles menacés par le fléau de la grêle, qui, tous les ans, afflige si cruellement la propriété, et contre lequel la volonté, ni la prudence humaines, ne peuvent opposer aucune barrière, ni offrir aucune garantie. C'est qu'en effet ce fléau n'a pas, comme celui de l'incendie, par exemple, des causes accidentelles; il ne sévit pas d'ordinaire sur des points isolés et circonscrits ; on ne peut lui assigner des limites ; et il est impossible aux efforts de l'homme de l'arrêter dans sa marche et dans ses ravages. Ce fléau a donc un caractère de fatalité qui n'a pu être encore soumis à aucun calcul de probabilité assez certain, pour que la prime fixe ait osé en assumer les risques; il a fallu, pour l'aborder, toutes les ressources, toute la puissance de l'assurance mutuelle.

On peut dire que par la mutualité, qui est le moyen d'assurance par excellence, on obtient les résultats les plus heureux. Aussi ce système a fait depuis quelques années des progrès immenses, et lorsque les propriétaires en auront compris toute la moralité, lorsqu'il sera bien répandu dans les masses et que ses bienfaits seront justement appréciés, le principe d'association, en se généralisant, sera éminemment salutaire.

Les sociétés mutuelles sont donc les seules possibles, à la condition d'être autorisées par le Gouvernement, parce qu'en dehors de cette autorisation elles n'offrent aucune garantie de moralité, de légalité, ni de stabilité.

Mais si elles sont les seules possibles en cette matière, elles ne peuvent se constituer d'une manière forte et durable, que s'il leur est donné de se mouvoir dans un cercle assez vaste, qui cependant ne doit pas être trop étendu, car alors le fonctionnement administratif serait sérieusement entravé, surtout si, comme le pratique une société qui a son siège à Paris, elle décentralise ses opérations en fondant des sociétés divisionnaires qui, en quelque sorte indépendantes, ont chacune leurs livres, leur caisse, leurs Agents et une existence à part ; elles forment une espèce de fédéralisme qui ne peut produire qu'une profonde perturbation dans les opérations, et amoindrir considérablement les résultats.

La *Province* et l'*Iris* sont placées entre ces deux extrêmes; elles sont de toutes les sociétés établies et autorisées dans le Midi de la France, les seules qui rayonnent dans la circonscription la plus importante (25 et 22 départements).

Classification proportionnelle à la gravité des risques.

Art. 36. Une autre condition est aussi nécessaire à la prospérité des sociétés mutuelles, c'est une classification proportionnelle des risques. Les sociétés qui ont une classification unique, ne peuvent point répondre aux intérêts agricoles. En effet, l'établissement d'un risque unique pour tous les lieux, sans distinction des risques que présentent chaque département, chaque canton, chaque commune, à raison de leur position topographique, sont non-seulement des vices radicaux dont les résultats ne peuvent être que désastreux, mais une véritable injustice, puisqu'ils font participer aux mêmes charges, sans compensation de bénéfices, des propriétaires peu exposés avec d'autres dont les récoltes sont fréquemment ravagées par les orages; ils rendent ainsi les premiers victimes des seconds.

Et si toutes les localités d'un même département, d'un même arrondissement, d'un même canton, ne sont pas également exposées aux chances de la grêle ; s'il est des situations plus favorables, il est juste, il est rationnel, il est moral, qu'elles ne soient pas assujéties à une contribution égale aux contrées où, par une prédestination malheureuse, l'orage sévit d'ordinaire, en étendant plus ou moins ses désastres, suivant son plus ou moins d'intensité.

CHAPITRE V.

Des adhésions simples ou propositions d'assurance.

Art. 37. Les Adhésions-Polices ou propositions d'assurance sont reçues, non par les Agents-Généraux, mais par les Agents-Particuliers qui, n'ayant pas qualité de signer les polices, dressent l'acte préliminaire sur lequel doit être basé le contrat définitif.

De la forme des Adhésions.

Art. 38. Ces adhésions indiquent, aussi exactement que possible, la situation et la nature des immeubles et la valeur des récoltes à assurer, ainsi que les nom, prénoms, profession et domicile de l'adhérent, et la qualité en laquelle il agit.

Elles doivent être faites par sommes rondes, sans unités, moins encore par fractions de centimes.

Elles restent déposées à l'Agence générale.

Leur effet.

Art. 39. La remise d'une proposition ne constitue aucun engagement entre l'adhérent et la Société. Celle-ci n'est engagée qu'après la signature de l'Adhésion-Police par les deux parties.

Explication à donner aux Adhérents.

Art. 40. L'Agent-Particulier doit avertir le proposant qu'il est de son intérêt de faire garantir les récoltes à assurer pour leur valeur réelle, et qu'il y aurait préjudice pour lui si elles étaient assurées pour une somme supérieure ou inférieure.

Il lui expliquera :

Que s'il faisait assurer pour une somme supérieure à la valeur réelle des récoltes, il paierait sans utilité un excédant de cotisation, puisque, en cas de sinistre, l'expertise ne porterait que sur la valeur réelle et non sur la valeur attributive, en vertu de ce principe de haute moralité inscrit dans la loi : Que l'assurance ne peut jamais être pour l'assuré une cause de bénéfice, mais seulement une réparation du désastre éprouvé ;

Que, dans le cas contraire, il s'exposerait à supporter une partie des dommages, s'il survenait un sinistre total ou partiel, attendu que la Société n'est responsable vis-à-vis de lui que dans la proportion du montant de son assurance.

Vérifications morales.

Art. 41. Avant d'accepter une adhésion, les Agents-Particuliers devront s'enquérir de la réputation de l'adhérent, de sa moralité, ainsi que de l'état de sa fortune, ou la situation de ses affaires, surtout s'il est commerçant ou fermier.

Cas de rejet.

Art. 42. Lorsque les propositions sont faites par des personnes d'une inconduite notoire, d'une probité douteuse, ou connues pour être mal dans leurs affaires, elles doivent être repoussées sans balancer ; car il ne faut pas exposer la société à couvrir l'éventualité d'un sinistre, alors qu'elle n'aurait aucune chance d'être payée des cotisations.

Envoi des Adhésions.

Art. 43. Les adhésions recueillies par les Agents-Particuliers seront très-exactement envoyées à MM. les Agents-Généraux, et ceux-ci devront les convertir immédiatement en polices définitives, afin que les adhérents aient leurs récoltes couvertes par la garantie qu'offrent les sociétés.

CHAPITRE VI.

De l'Adhésion-Police.

Art. 44. En principe, toute demande d'admission se faisait au moyen d'un acte d'adhésion.

Cette adhésion était envoyée, le jour même de sa signature, à la Direction générale; elle était ensuite soumise au conseil d'administration, qui, sur les conclusions du Directeur, prononçait son admission ou son rejet.

Mais ce mode avait de graves inconvénients : il pouvait, dans certains cas, compromettre les intérêts des adhérents, en ce sens que, malgré les diligences de la Direction, ils ne recevaient leur police définitive que plusieurs jours après avoir souscrit leur engagement; et si, dans l'intervalle, il arrivait un sinistre, l'indemnité n'était point due, ce qui plaçait ces derniers dans une situation des plus regrettables; — il compliquait les écritures; — enfin il occasionnait, par la multiplicité des envois, des déboursés considérables, non-seulement à la Direction, mais aux assurés eux-mêmes.

Pour obvier à de tels inconvénients, qui étaient de nature à paralyser les opérations des Sociétés, le Directeur, avec l'autorisation spéciale du conseil d'administration, délègue tous pouvoirs à MM. les Agents-Généraux aux fins ci-après :

Recevoir et admettre l'adhésion, et, en échange, délivrer, le jour même, la police définitive.

Mais sous la réserve expresse et formelle de rejeter telle adhésion qui n'aurait pas été faite en conformité des instructions, ou aurait été souscrite dans un but de spéculation qui, pour être licite en apparence, n'en serait pas moins attentatoire aux intérêts des sociétaires.

Des formes et des effets de l'Adhésion-Police.

Art. 45. Le contrat passé entre la Société et l'assuré se nomme *Adhésion-Police*. Cette adhésion-police est faite par écrit et sous signature privée.

Elle est datée du siège de l'agence et du jour auquel elle a été souscrite.

Ses effets actifs et passifs commencent le lendemain de sa date et de sa signature, à midi; mais on peut stipuler qu'elle ressortira à effet à une date postérieure.

La période de tout engagement commence, pour la perception de la cotisation, le premier jour de l'année sociale, ou, en d'autres termes, le 1er janvier. Ainsi, par exemple, une adhésion-police souscrite le 20 mai remonte, pour la perception de la cotisation, au 1er janvier, comme si le risque avait couru depuis cette dernière époque, parce que chaque année forme un exercice distinct, qui commence le premier janvier et finit le 31 décembre.

On peut s'assurer jusqu'à la veille de l'enlèvement des récoltes; mais l'assurance est toujours pour l'année courante, à moins qu'il ne soit expressément stipulé qu'elle ne commencera qu'au 1er janvier suivant.

D'après ce principe, on n'a rien à gagner à s'assurer tard; car celui qui, pour les céréales, souscrirait un engagement la veille de la moisson, ou, pour les vignes, la veille des vendanges, paierait pour toute l'année. La raison en est que s'il perdait sa récolte, il serait indemnisé comme s'il se fût assuré plusieurs mois plus tôt.

Elle ne peut être rédigée que sur les imprimés fournis par la Direction.

Art. 46. L'Adhésion-Police ne peut être faite que sur des imprimés fournis par la Direction.

Ils sont sur papier jaune pour la *Province*, et rose pour l'*Iris*, petit format, et, suivant les prescriptions de la loi du 5 juin 1850, relative au timbre des effets de commerce et des polices d'assurances, ils ont été préalablement soumis au visa pour timbre.

L'Administration, pour la facilité des opérations et dans l'intérêt du service, a contracté avec l'Etat un abonnement dont elle a acquitté à l'avance les droits.

Pour parer aux frais de cet abonnement, les Agents-Généraux devront prélever, la première année, une contribution supplémentaire de 15 centimes pour la portion des droits que, par la loi précitée, le Gouvernement a mis à la charge des assurés.

Si cette contribution supplémentaire n'est pas payée comptant, on l'ajoutera au premier billet de cotisation.

Double expédition.

ART. 47. L'Adhésion-Police est faite en triple expédition : une pour l'assuré, qui lui est remise le jour même de sa signature; l'autre pour être envoyée à la Direction *régulièrement tous les mois*, et la troisième doit rester dans les cartons de l'Agence pour y avoir recours au besoin.

Chaque expédition de l'Adhésion-Police est signée par les partis contractantes : l'assurance n'est consommée qu'après l'accomplissement de cette formalité.

Si l'assuré ne sait pas signer, il doit déclarer, en présence de deux témoins mâles, majeurs et domiciliés de préférence dans sa commune, lesquels certifient et signent sa déclaration, qu'il adhère aux statuts de la Société et aux conditions manuscrites de l'Adhésion-Police.

Un fondé de pouvoir ou une personne se portant fort pour l'assuré, peut aussi signer l'Adhésion-Police.

Ce que doit contenir l'Adhésion-Police.

ART. 48. L'Adhésion-Police se compose de conditions générales et particulières.

Les premières sont imprimées et dérivent des principes généraux en matière d'assurances mutuelles; les secondes qui sont manuscrites, énoncent :

1° Les nom, prénoms, profession et domicile de l'adhérent;

2° La qualité en laquelle il agit, soit celle de propriétaire, usufruitier, fermier, colon, etc.

3° La désignation par tenants et par aboutissants, par classe et par commune des récoltes qu'il soumet à l'assurance;

4° La valeur des produits qu'il espère en obtenir;

5° La durée de l'assurance;

6° Le taux de la cotisation annuelle, frais d'administration compris.

Il doit être fait aussi mention sur cet acte :

1° Si l'assurance comprend tout ou partie des récoltes de l'adhérent;

2° Si ces mêmes récoltes sont déjà garanties par une autre société.

Autant que possible, on ne doit point recevoir des assurances partielles; mais lorsque, pour des motifs plausibles, on les admet, il est de toute nécessité de décrire, dans le contrat, les parcelles exclues.

Sa durée.

Art. 49. La durée de l'engagement est rigoureusement fixée à cinq années.

Néanmoins, un fermier peut être admis pour un temps moindre et égal à la durée de son bail.

On ne doit y laisser aucun blanc.

Art. 50. Il ne doit être laissé aucun blanc dans l'Adhésion-Police. Lorsque la désignation des corps de domaine, ou des parcelles assurées, ne remplit pas tout le tableau ou cadre de la deuxième page qui lui est destiné, il faut tirer des lignes diagonales sur la partie non-remplie, afin qu'on ne puisse rien y intercaler.

Approbation des renvois et ratures.

Art. 51 Tout renvoi, toute rature et tous mots interlignés doivent être approuvés et paraphés par les parties, soit en marge, soit au bas de l'Adhésion-Police.

Toute surcharge est formellement interdite.

Sommes et dates en toutes lettres.

Art. 52. Les sommes et les dates doivent être écrites en toutes lettres.

Modèles.

Art. 53. Pour leur faciliter la rédaction des polices, MM. les Agents-Généraux recevront des modèles auxquels ils sont priés de se conformer.

Les rédactions les plus usitées sont :

L'assurance en bloc;
L'assurance en détail.

Assurance en bloc.

La première se pratique ordinairement pour les corps de domaine, parce qu'il serait extrêmement difficile, quelquefois même impossible, de détailler dans l'Adhésion-Police, pièce par pièce, toutes les parcelles dépendantes d'une exploitation agricole importante. On se borne, dans ce cas, à faire connaître le nom du domaine ou de la ferme, avec ses principaux tenants et aboutissants, sa contenance totale, ainsi que l'étendue des différentes cultures par hectares, ares et centiares, la nature des récoltes assurées et leur produit, soit en nature, soit en argent.

Parfois aussi on assure en bloc les récoltes d'une propriété qui, étant très-morcelée, n'a pas de corps de domaine ou d'exploitation; mais il faut mentionner le nombre des parcelles et leur contenance exacte.

Assurance en détail.

La seconde, son titre l'indique, donne la désignation sommaire, mais distinctive, de toutes les parcelles assurées, leur étendue ou contenance, leur produit, la portion assurée, etc.

Art. 54. Recommandation est faite aux Agents d'indiquer, que les assurances soient faites en bloc ou en détail, toutes les désignations propres à faire reconnaître facilement les domaines ou parcelles, afin que, dans l'hypothèse d'un sinistre, MM. les experts puissent en constater facilement l'identité.

Termes ou locutions prohibés.

Art. 55. Il faut, autant que possible, éviter, pour exprimer les contenances, tout emploi de termes locaux. On fera usage exclusivement des termes généraux suivants : hectare, are, centiare. Grâce à ce système unique, l'Administration comprendra bien mieux l'étendue des risques.

Nombres ronds des valeurs assurées.

Art. 56. Pour la simplification des écritures, il faut toujours que les valeurs réelles assurées soient établies en sommes rondes de dizaines, c'est-à-dire sans unités.

Ce qu'on peut assurer par une même Adhésion-Police.

Art. 57. On peut assurer par une seule et même Adhésion-Police :

1° La portion des récoltes revenant au propriétaire des immeubles;

2° La portion appartenant aux colons.

Les Adhésions-Polices ne doivent pas être remises incomplètes aux intermédiaires.

Art. 58. Il est expressément recommandé à MM. les Agents-Généraux de ne jamais remettre ou envoyer à leurs intermédiaires des Adhésions-Polices incomplètes en les chargeant de les remplir, et à plus forte raison de leur confier des polices signées en blanc.

Numéro d'ordre.

Art. 59. L'Adhésion-Police porte un numéro d'ordre dont la série doit être suivie sans interruption ; un exercice nouveau n'interrompt pas la série.

Coût des Adhésions-Polices.

Art. 60. Outre la cotisation déterminée par le tarif et les frais d'administration fixés à 30 centimes p. % de la valeur assurée, l'adhérent est tenu de payer, la première année seulement :

1°	Pour l'Adhésion-Police	1f	»»
2°	— l'expédition	1	»»
3°	— Portion du timbre (loi du 5 juin 1850).	»	15
4°	— l'avis d'assurance	»	25
	Total	2	40

CHAPITRE VII.

De l'Avis d'assurance.

Obligation d'envoyer l'Avis d'assurance le jour même de la signature de la police.

ART. 61. En déléguant à MM. les Agents-Généraux le pouvoir de signer les polices d'assurance, l'Administration s'est expressément réservé que, le jour même de la réalisation du contrat, il lui en serait donné avis, par la poste, au moyen d'un bulletin spécial nommé avis d'assurance.

ART. 62. Ce bulletin porte les désignations suivantes :

1° Nom, prénoms, profession, et domicile des assurés;

2° Valeur des récoltes assurées, soit en première classe, soit en deuxième classe;

3° Cotisation de la première année, frais divers compris, avec les sommes reçues comptant ou en billets ;

4° Durée de l'assurance;

5° Numéro d'ordre de l'Adhésion-Police.

ART. 63. Il est certifié par l'Agent-Général.

On doit inscrire sur le même Avis toutes les assurances faites dans une même journée.

ART. 64. Si dans la même journée on recueille plusieurs assurances, on ne doit pas faire autant de bulletins qu'il y a de polices réalisées, mais bien inscrire sur le même avis, par ordre de numéro, au cadre à ce destiné, tous les nouveaux adhérents, avec les indications qui précèdent.

Coût de l'Avis d'assurance.

ART. 65. Les bulletins d'assurance doivent parvenir, *franco*, à la Direction. A cet effet, MM. les Agents-Généraux sont autorisés à prélever de chaque adhérent, en signant les polices, une contribution, une fois payée, de 25 centimes destinée à l'affranchissement de ces bulletins.

Lorsqu'on fait plusieurs polices dans la même journée, on peut, ou réduire proportionnellement la contribution de chaque assuré, ou percevoir autant de fois 25 centimes qu'il y a d'adhérents. Dans cette dernière hypothèse, les Agents réalisent un petit bénéfice dont ils profitent seuls, puisqu'ils n'ont à affranchir qu'un seul avis.

Art. 66. S'il arrive que des assurés se refusent à payer comptant cette contribution de 25 centimes, elle sera ajoutée au montant du premier billet de cotisation.

Art. 67. Nulle considération ne doit faire déroger à cette règle, indiquée en tête du présent Chapitre, à savoir que, le jour même de la signature de la police, avis doit en être donné à l'Administration. L'accomplissement de cette formalité, tout en mettant à couvert la responsabilité du mandataire, donne à l'assurance un caractère d'authenticité qu'elle n'a pas sans cela. Alors seulement elle est complète, définitive.

Art. 68. Les assurances qui, n'ayant pas été régulièrement dénoncées, donneront lieu à des sinistres pendant l'intervalle où les polices seront restées en la possession de l'Agent-Général, pourront être repoussées par l'Administration, et, dans ce cas, le titulaire inexact serait seul responsable des pertes éprouvées.

CHAPITRE VIII.

Des Renouvellements.

Renouvellement d'assurance.

Art. 69. *Le renouvellement* est la continuation d'une assurance déjà souscrite par le sociétaire, après l'expiration du terme pour lequel elle a été contractée.

Il se fait par nouvelle police.

Art. 70. Les renouvellements ne peuvent être opérés par voie de prolongation des anciennes Adhésions-Polices; ils doivent faire l'objet d'une police nouvelle, dressés en conformité des présentes instructions et du tarif en vigueur au moment de la signature.

Renouvellement d'une police en cours.

Art. 71. On peut *renouveler* une Adhésion-police *en cours* avant son expiration, avec effet du jour de cette expiration. On stipulera cette clause de la manière suivante : *La présente assurance est faite pour ressortir son effet à partir du premier janvier mil huit cent cinquante......*

Il est entendu que, dans ce cas, la prime stipulée n'est payable que le 1er août de l'année où commence la nouvelle assurance.

Art. 72. Les Agents-Généraux ne devront pas attendre pour s'occuper de les renouveler, l'expiration des polices; tous leurs efforts doivent, au contraire, tendre vers le but d'en réaliser le renouvellement avant l'échéance. Ils préviendront ainsi les démarches de la concurrence, et, par ce moyen, conserveront à la société les assurés qui leur avaient donné primitivement leur confiance. Toutefois, ils auront soin d'examiner préalablement si le produit des immeubles est le même, et si la moralité et l'état des affaires du sociétaire inspirent toujours les mêmes garanties.

Epoque des renouvellements.

CHAPITRE IX.

Des reprises d'assurances.

Art. 73. Les reprises sont les assurances faites originairement, par d'autres sociétés, et que les Agents-Généraux parviennent à faire passer à la *Province* ou à l'*Iris;* et, dans une autre acception, le contrat par lequel une société se substitue, suivant les conditions générales et particulières de sa police, et moyennant une cotisation convenue, à tous les droits et charges d'un assuré envers une autre société, jusqu'à l'expiration du contrat en cours.

Ce qu'on nomme reprises.

Art. 74. Elles peuvent avoir lieu pendant la durée de l'assurance primitive, pour *prendre effet à son échéance*, pourvu que le terme restant à courir n'excède pas deux années. Dans ce cas, la première cotisation n'est payable que le 1er août de l'année où commence l'assurance.

Quand elles peuvent avoir lieu.

Mais si l'assuré demande que la Société se mette immédiatement à son lieu et place envers les précédents assureurs, on devra en référer à l'Administration avant d'obtempérer à cette demande, qui, à cause des difficultés qu'elle pourrait faire naître et des embarras qu'elle occasionnerait, ne peut être admise que sur une autorisation spéciale.

Art. 75. En cas d'admission, le réassuré, quoiqu'il se soit désisté de toutes ses charges et de tous ses droits envers

Obligations du réassuré.

la Société rivale, est tenu par exprès de déclarer, tous les ans, à cette dernière Société, les changements survenus dans l'ensemble de son exploitation, comme aussi, en cas de sinistre, d'envoyer sa déclaration régulière dans les délais prescrits par ses statuts, de veiller à ce que l'expertise soit faite, de signer tout procès-verbal, en un mot, d'agir, pour le compte de la *Province* ou de l'*Iris*, de la même manière que pour lui-même.

Obligation dans laqu'elle est le réassuré, de verser, entre les mains de l'Agent-Général, le montant de l'indemnité qui lui a été payée par la société substituée.

ART. 76. Aux termes de la subrogation consentie, l'indemnité allouée par la Société primitive est reçue par le réassuré; mais il est dans l'obligation expresse d'en effectuer de suite le versement entre les mains de l'Agent-Général qui a retenu sa police d'assurance, ou de son successeur.

L'*Iris* acquitte les cotisations à échoir, au lieu et place du réassuré.

ART. 77. Réciproquement l'*Iris*, par l'intermédiaire de son Agent-Général, fait compte à la Société rivale des cotisations restant à courir à partir du jour de la réassurance.

Pénalité que peut encourir le réassuré.

ART. 78. S'il néglige de remplir les prescriptions énoncées dans l'article 75 précité, il est responsable de la déchéance encourue, et la Société est en droit, ou de retenir l'indemnité qui lui est due, ou de l'actionner en paiement de celle que la Société rivale aurait pu lui accorder.

Précautions à prendre avant d'admettre une reprise.

ART. 79. Avant d'accepter une reprise, les Agents-Généraux devront se faire représenter la quittance de la dernière annuité; ils auront ainsi la preuve que le réassuré n'est pas sous le coup de la déchéance prévue par les statuts, faute de paiement de sa cotisation. A défaut de cette justification, la reprise devrait être refusée.

CHAPITRE X.

Des avenants ou des changements d'assolement qui surviennent dans les assurances.

Causes principales des changements.

ART. 80. Les assurances, pendant leur cours, sont sujettes à des changements.

Les principales causes de changement sont :

1° L'augmentation ou la diminution du capital assuré;
2° Les mutations de propriété;
3° Les variations survenues dans la nature et les produits de la culture.

Ils s'opèrent par une nouvelle police ou par des avenants.

Art. 81. Lorsque les changements exigent des détails trop compliqués, ils s'opèrent par une nouvelle police qui annule la précédente.

On les stipule, dans le cas contraire, par un acte additionnel auquel on a donné le nom d'*Avenant*.

Leur forme.

Art. 82. Les *Avenants* sont faits, comme les polices, en double expédition, sur des imprimés fournis par la Direction.

Ils portent, en tête, la date et le numéro de l'Adhésion-Police à laquelle ils se rattachent, ainsi que les nom, prénoms et domicile de l'assuré.

Ils énoncent les motifs et les effets du changement.

Ils sont, de même que les polices, datés, en toutes lettres, du siége de l'agence, et signés par les parties; ils ne peuvent être antidatés, et n'ont d'effet que le lendemain, à midi, du jour de la signature.

Avenants interdits.

Art. 83. Les agents ne peuvent souscrire aucun avenant à des polices qui n'appartiennent pas à leur agence.

Déclaration d'assolement.

Art. 84. Tout sociétaire, aux termes de l'article 10 des statuts, est tenu de déclarer chaque année, *avant le 1er avril*, les changements survenus dans l'ensemble de l'exploitation.

Cette déclaration est d'autant plus nécessaire, qu'en cas de sinistre il n'y aurait pas lieu d'accorder une indemnité, non-seulement pour les productions qui différeraient d'espèce avec celles assurées, mais pour les pièces et les arbres qui ne seraient pas reconnus être identiquement les mêmes que ceux désignés dans l'Adhésion-Police. Il n'est pas dû non plus d'indemnité pour les quantités excédant celles assurées.

Faute de cette déclaration, les assurances seront considérées comme n'ayant subi aucun changement, et les sociétaires resteront assurés pour le même capital que l'année précédente.

Délais pour la réception des avenants de diminution et des changements d'assolement.

Art. 85. Tout avenant de diminution, ou toute déclaration d'assolement, n'est plus recevable après le 31 mars. Ainsi, MM. les Agents-Généraux doivent s'abstenir d'admettre tous ceux qui, pour quelque cause que ce soit, leur seraient remis postérieurement à cette date.

Les avenants d'augmentation sont exceptés de cette règle ; ils sont recevables dans les mêmes conditions que les Adh.-Pol.

Art. 86. Mais il n'en est pas de même pour les avenants d'augmentation qui, comme les Adhésions-Polices, peuvent et doivent être acceptés jusqu'au moment où les récoltes vont être ramassées.

Délai pour l'envoi des avenants de diminution et des déclarations d'assolement.

Art. 87. Une expédition régulière de tous les avenants de diminution ou des simples déclarations d'assolement doit être envoyée par les Agents-Généraux, à la Direction, dans la première quinzaine d'avril au plus tard ; ces expéditions sont annexées aux polices qu'elles concernent. Passé ce délai, elles seraient sous le coup d'une fin de non-recevoir.

L'envoi des avenants d'augmentation s'effectue, tous les mois, avec les Adhésions-Polices réalisées pendant le mois précédent ; mais l'administration doit être avisée de leur existence, le jour même, au moyen du bulletin et de la même manière que pour les polices ordinaires.

Les annulations se font par avenant.

Art. 88. Les résiliations ou annulations d'assurance doivent, autant que possible, être constatées par avenant, ou tout au moins par le retrait de la police des mains de l'assuré, afin que, plus tard, celui-ci, s'il était de mauvaise foi, ne puisse point se faire une arme contre la Société, en cas de sinistre, d'un contrat devenu nul.

Prendre des informations pour s'assurer de la sincérité des déclarations d'annulation ou de changements.

Art. 89. Lorsque les réductions ou annulations sont demandées par les assurés, les Agents doivent, avant de les admettre, examiner si elles sont bien fondées. S'ils reconnaissent qu'elles ne sont pas sincères, et que le sociétaire, en les demandant, n'a d'autre but que de se soustraire en tout ou en partie à ses engagements, ils les repousseront.

CHAPITRE XI.

Des cotisations annuelles et des frais d'Administration.

Maximum des cotisations.

Art. 90. Les charges sociales, aux termes des statuts, sont acquittées au moyen d'une contribution annuelle à payer par tous les sociétaires. Cette contribution est fixée, par 100 fr. pour chaque classe de produits assurés et pour chaque catégorie. (Voir les statuts de la *Province* et de l'*Iris*).

Classification des risques.

Art. 91. Les produits agricoles sont divisés en trois classes qui distinguent leur nature, leur degré de susceptibilité et le temps plus ou moins long pendant lequel ils restent exposés aux chances de la grêle.

La Province garantit deux classes :

> *Céréales :* blé, seigle, méteil, orge, avoine, épeautre, vesces, pois, lentilles, prairies naturelles ou artificielles, soit pour fourrage, soit pour la graine, maïs, petit millet, haricots, pommes de terre, navets, betteraves, sarrazin, fèves, colza, garances et plantes potagères ;
>
> Et *Tabacs*.

L'Iris ne garantit qu'une seule classe, celle des *vignes*.

Les risques sont subdivisés en trois catégories, savoir :

1re Catégorie, ou degré moindre ; — elle comprend les localités qui, dans la dernière période quinquennale, n'ont pas été visitées par le fléau ;

2me catégorie, ou degré moyen ; — elle est appliquée aux localités qui, dans la même période de 10 ans, ont été atteintes une fois au moins et deux fois au plus par la grêle ;

3me Catégorie, ou degré chanceux ; — elle réunit les zônes où, par leur position particulière, les orages sévissent fréquemment.

Art. 92. MM. les Agents-Généraux déjà en fonctions ont reçu des instructions spéciales qui leur ont fait connaître la catégorie à laquelle appartient leur circonscription territoriale, ainsi qu'un tarif imprimé par communes, cantons, arrondissements et département, des cotisations à payer. — Nulle dérogation ne doit être faite à ce tarif.

Quant aux titulaires nouveaux, ils recevront, en même temps que le mandat de la Société, avis de la classification des localités qui formeront le ressort de leur Agence.

MM. les Agents Généraux doivent, lorsque le risque présente trop de gravité, élever les cotisations en prenant celles d'une catégorie supérieure.

Art. 93. Quoique la classification générale des risques ait été faite à l'aide de documents et résultats statistiques puisés à des sources certaines, il est recommandé à MM. les Agents de bien se pénétrer de ce principe de souveraine équité qui veut que l'application du tarif dépende des risques, et que la fixation en soit soumise au plus ou moins de chances encourues par les assurés.

Ils devront parfois suppléer aux instructions qui leur seront transmises, en élevant d'office les cotisations, si les risques ne leur paraissent pas en rapport, sans pouvoir dépasser, dans aucun cas, le maximum de la troisième catégorie; mais ils ne pourront jamais descendre à une catégorie inférieure à celle portée au tarif, sans s'exposer à une amende de 100 fr.

Epoque de l'exigibilité des cotisations.

Art. 94. La cotisation à laquelle chaque sociétaire est soumis, d'après la nature de ses récoltes et le plus ou moins de gravité des risques, est exigible, pour la première année, en signant l'Adhésion-Police, et, pour les années suivantes, le 30 avril au plus tard.

Mais pour faciliter les opérations de MM. les Agents-Généraux, le Conseil d'administration, usant de la faculté qui lui est attribuée par les statuts, leur donne l'autorisation de proroger l'époque du paiement de la contribution et d'accorder du délai aux assurés dont la moralité et la solvabilité leur seront connues, jusqu'au 1er août, non-seulement pour la première année, mais pour les années subséquentes. Ainsi, en s'assurant, le propriétaire n'a rien à débourser. Cette grande facilité pour le paiement est de nature à favoriser les opérations.

Frais d'administration.

Art. 95. Indépendamment de la contribution sociale déterminée par le tarif, chaque assuré doit payer tous les ans, pour frais d'administration, 30 centimes pour 100 francs de valeurs assurées.

Ces frais se prélèvent de la même manière et en même temps que les cotisations; ils sont la propriété exclusive de la Direction qui, au moyen de cette allocation, se charge de subvenir à tous les frais d'Agence, de perception, de correspondance, d'impression, de fournitures, de registres, de bureau et tous autres frais d'administration quelconques.

CHAPITRE XII.

Des Billets-quittances de cotisation et de leur recouvrement.

Art. 96. Une des conditions essentielles du contrat d'assurance, c'est la stipulation et le paiement de la cotisation à l'époque convenue.

Quoiqu'en principe les cotisations se paient, la première année, au moment de la signature des polices, et les années suivantes, le 30 avril au plus tard, l'échéance, comme l'indique l'article 94 des présentes instructions, peut être prorogée au 1er août de chaque année.

Billets de cotisation.

Art. 97. L'assuré doit souscrire des obligations annuelles ou billets de cotisation. Ces billets ne sont pas négociables et ne changent rien aux conditions stipulées dans la police. Ils n'ont d'autre but que d'apporter plus d'ordre et de régularité dans les écritures.

Confection et envoi des billets de cotisation.

Art. 98. Les billets de cotisation doivent être faits sur des imprimés fournis par la Société; ils doivent avoir la même date que la police à laquelle ils se rattachent, et leur échéance doit être échelonnée de manière à ce que, chaque année, pendant toute la durée de l'engagement, on puisse opérer le recouvrement de l'un d'eux.

Ils resteront annexés à l'expédition de la police destinée à la Direction, et ils seront envoyés en même temps.

Cas de refus de signer les billets.

Art. 99. Certains assurés ont une répugnance telle à signer des billets qu'ils préfèrent ne pas se faire assurer plutôt que d'en souscrire.

On pourra, dans ce cas, si l'affaire est surtout importante, faire exception à une règle générale en renonçant à la formalité des billets; mais il faudra, pour l'ordre et pour s'éviter des réclamations ultérieures de la part de la Direction, faire mention de cette dérogation sur la police.

Les cotisations sont portables et non quérables.

Art. 100. Les cotisations sont, d'après un principe général, payables par les assurés au siége de l'Agence générale dont ils relèvent.

Néanmoins, pour en faciliter le recouvrement, l'Administration recommande aux Agents-Généraux de présenter ou de faire présenter les billets aux assurés. Cette condescendance n'entraîne aucune renonciation de la part de la Société aux conditions et aux règles générales en vigueur sur la matière.

Bordereaux de recouvrement.

Art. 101. Dans le courant du mois de juillet de chaque année, MM. les Agents-Généraux reçoivent, avec un bordereau à l'appui, les billets de cotisation à recouvrer dans leur Agence et dont l'échéance est fixée au 1er août. Pour leur faciliter la prompte rentrée de ces billets, il leur est expédié en même temps des lettres d'avertissement imprimées.

Lettres d'Avis aux Sociétaires.

Art. 102. Ils doivent, dès la réception de ces pièces, mettre l'adresse sur chacune de ces lettres et les faire distribuer de suite à domicile ou les envoyer, soit par occasion, soit par la poste, aux assurés.

Mode de distribution.

Art. 103. Quelques sociétaires, d'une exactitude connue, n'ont pas besoin d'être avertis pour effectuer le paiement de leurs obligations. D'ordinaire ils se libèrent sur la présentation de leurs billets. Ainsi, pour ceux-là, la formalité des lettres d'avis est superflue; mais pour les autres, il est indispensable de les prévenir à l'avance et de ne pas les perdre de vue à l'échéance.

Soins que les Agents doivent donner aux recouvrements.

Art. 104. MM. les Agents-Généraux apporteront la plus grande exactitude dans le recouvrement des cotisations. Cette opération est d'une importance telle, que, si elle était négligée, elle pourrait avoir les suites les plus fâcheuses. En effet, d'un côté l'intérêt des assurés eux-mêmes le réclame, puisqu'une fausse sécurité pourrait les exposer, en cas de sinistre, à la déchéance déterminée par les Statuts; et, d'un autre côté, l'exactitude dans les engagements, en mutualité surtout, est la première des conditions, parce que la répartition des dommages doit être prompte, et sa promptitude ne peut venir que de l'empressement des assurés non sinistrés à se libérer.

Déchéance.

Art. 105. Les assurés qui, dix jours après l'échéance de leur cotisation, n'en auront pas effectué le versement, seront sous le coup de la déchéance prévue par l'article 30 des statuts de la *Province* et l'article 26 des statuts de l'*Iris*, et, en cas de sinistre, ils n'auront droit à aucune indemnité. Il est indispensable qu'ils soient mis en demeure; or, cette mise en demeure, aux termes de l'article 1139 du Code Napoléon, résulte d'une *lettre d'avertissement.* Un acte extra-judiciaire n'est donc pas nécessaire.

Le non-paiement des cotisations ne résout pas le contrat.

Art. 106. Mais de ce que les effets de l'assurance se trouvent ainsi suspendus par le fait de l'assuré, il ne s'en suit pas que le contrat soit résilié de plein droit. L'engagement étant synallagmatique, il ne peut être rompu que par la volonté manifestement exprimée des deux parties; seulement, la Société s'est réservée, en pareils cas, la faculté de résilier la police intervenue ou d'en exiger la continuation en poursuivant l'assuré par toutes les voies de droit.

La clause résolutoire, insérée dans les polices, est donc uniquement en faveur de la Société; c'est un droit dont elle peut user ou ne pas user, suivant son avantage ou ses convenances; c'est une faculté dont l'exercice dépend entièrement de sa volonté, car il est naturel, il est juste qu'elle puisse s'affranchir de ses engagements lorsque l'assuré ne remplit pas les siens. Celui-ci se plaindrait en vain de cette alternative; c'est lui-même qui s'y est placé; c'est une juste peine d'une infraction de sa part à la loi du contrat.

Poursuites actives contre les retardataires.

Art. 107. Le paiement des cotisations en retard, dont le recouvrement peut être opéré, doit être poursuivi par les voies judiciaires.

Les poursuites contre les assurés retardataires doivent avoir lieu aussitôt après l'expiration du délai de grâce.

MM. les Agents ne perdront jamais de vue que les poursuites ne doivent être intentées que contre des assurés dont la solvabilité bien connue peut garantir le paiement de la cotisation et des frais judiciaires.

De la lettre d'invitation.

Art. 108. Avant d'agir contre les débiteurs par voie de citation, il est absolument nécessaire, suivant les dispositions de la loi du 25 mai 1838, article 17, de les inviter, par billet, devant M. le Juge de paix de leur canton ou du canton de la résidence de l'Agent-Général, si, dans la police, l'assuré a fait élection de domicile, pour l'exécution de l'acte, chez le représentant de la Société.

Ces billets sont délivrés par le greffier de la justice de paix.

Art. 109. Aux termes de l'article 7 du code de procédure civile, MM. les Juges de paix peuvent, lorsque les parties le demandent, prononcer valablement leur jugement sur une simple invitation. Aussi, lorsque la question si simple en elle-même du paiement de la cotisation convenue n'est pas compliquée par des difficultés sérieuses, soulevées par l'assuré récalcitrant, les Agents doivent, autant que possible, faire prononcer le jugement sans assignation. Ce mode a un double avantage : Promptitude et économie dans les poursuites.

Juridiction.

Art. 110. Si, après l'avertissement, l'assuré ne se libère pas, on le citera régulièrement par le ministère d'huissier, si toutefois il n'a pas été prononcé de jugement sur la lettre d'invitation. On appuiera la demande sur l'article 26 des statuts de l'*Iris*, et sur l'article 30 des statuts de la *Province*, qui, dans l'espèce, font la loi des parties.

Préalablement les polices devront être soumises à la formalité de l'enregistrement, en conformité de la loi du 5 juin 1850 relative aux contrats d'assurance. A défaut, les assignations pourraient être annulées par MM. les Juges de Paix, ou bien on exposerait la Société à des amendes fiscales.

Clause attributive de Juridiction.

Art. 111. Les parties peuvent, d'un commun accord et sans blesser la loi, déroger aux règles de la juridiction, en stipulant dans les polices que le paiement des cotisations sera poursuivi devant M. le Juge de paix du domicile de la Société ou de son mandataire, bien que ce domicile ne soit pas celui de l'assuré.

Cette dérogation au droit commun a été reconnue valable par MM. les Juges de paix ; elle est du reste autorisée par l'article 7 du Code de procédure civile.

Art. 112. L'assignation sera en condamnation, si le montant des cotisations demandées ne dépasse pas la compétence en premier ressort, de M. le Juge de paix, c'est-à-dire 200 fr.

Il y aura lieu de citer en conciliation, lorsque la somme réclamée excèdera 200 fr.

Pour l'une et l'autre de ces assignations, les huissiers, sur la recommandation qui leur en sera faite par MM. les Agents-Généraux, devront strictement se conformer aux modèles libellés par la Direction et imprimés à la suite des présentes instructions.

Jugement contradictoire.

Art. 113. Lorque le demandeur et le défendeur comparaissent à l'audience, il est rendu un jugement contradictoire, si la somme réclamée ne dépasse pas 200 francs.

Art. 114. Faute de comparution de la part du défendeur, le juge prononce défaut. Jugement de défaut.

Ces jugements deviennent définitifs si dans les trois jours à partir de la signification qui en est faite, les parties condamnées n'y forment pas opposition (art. 20 du code de procédure civile). Faute d'opposition et avant de faire exécuter le jugement, il faut s'assurer de la solvabilité des parties, afin de ne pas exposer des frais en pure perte.

On a longtemps cru que les jugements de défaut des tribunaux de paix, comme ceux des tribunaux civils, devaient, pour éviter la péremption, être exécutés dans les six mois de leur date. Cette erreur a été réfutée par M. Merlin, dans un réquisitoire qui précède un arrêt du 13 septembre 1809. Il n'y a aucune analogie entre les jugements de défaut rendus par les Juges de paix (tribunaux d'exception) et ceux des tribunaux d'arrondissement. Or, les articles 20 et 156 du Code de procédure civile ne sont pas applicables aux premiers; ils sont valables pendant 30 ans, comme les jugements contradictoirement rendus.

Art. 115. Si, quand la somme réclamée dépasse 200 fr., la conciliation n'a pas lieu, il en est dressé procès-verbal. Une expédition en forme en sera réclamée au greffier de la justice de paix et envoyée sans retard à la Direction. On désignera le nom d'un avoué du tribunal de première instance auquel, s'il y a lieu, sera confié le rôle de la Société. Procès-verbal de non-conciliation.

Art. 116. Si le sociétaire est en faillite, l'assignation doit être donnée au Syndic, avec quelques modifications dans la rédaction de l'exploit; on ajoutera notamment ces mots à la suite de la demande principale : *par privilège;* mais pour éviter des frais, il sera préférable de se conformer aux dispositions de l'article 491 du Code de commerce, c'est-à-dire remettre, au greffe du tribunal, les titres avec le bordereau indicatif de la somme réclamée ; on devra retirer reçu de ce dépôt. Cas de faillite.

Art. 117. Lorsqu'une femme mariée a souscrit l'assurance, et qu'elle était capable pour cet acte d'administration, l'assignation doit être également donnée au mari pour la validité de la procédure. Femme mariée.

Art. 118. Toute assignation ou acte extrajudiciaire quelconque, doit, aux termes de l'art. 1119 du Code Nap., être signifié à la requête de la Société, représentée par son Les assignations doivent être signifiées à la requête de la Société.

Directeur-Général, poursuites et diligences de M......., son mandataire. Si, contrairement à ces principes, une citation était formulée à la requête personnelle de l'Agent-Général, elle pourrait être annulée par M. le Juge de paix.

Des tribunaux compétents pour connaître des demandes en paiement des cotisations.

ART. 119. Pour les Compagnies à prime, le contrat d'assurance (article 632 du Code de commerce) est toujours commercial du côté de l'assureur.

Mais il en est autrement pour les Sociétés mutuelles. Formées, en effet, par des propriétaires de meubles ou d'immeubles qui, en cas de sinistre, s'engagent à s'indemniser réciproquement, des associations de cette nature n'ont, de part et d'autre, qu'un caractère civil. Ainsi, que le sociétaire soit propriétaire ou négociant, il est toujours passible des tribunaux de paix ou de première instance.

Choix des retardataires.

ART. 120. S'il y a un grand nombre de retardataires dans une commune, il ne faut pas les citer tous à la fois : on commencera par un ou deux des plus influents, afin que leur condamnation servant d'exemple aux autres, ceux-ci viennent d'eux-même se libérer.

Paiement des frais.

ART. 121. Si, avant la comparution, l'assuré assigné se présente pour demander du délai, il faudra, si on consent à suspendre les poursuites, avoir soin de faire payer tous les frais déjà exposés ; car si plus tard il ne tenait pas ses promesses, on ne manquerait pas de rejeter, lors de la taxe des frais, l'acte sur lequel l'instance n'aurait pas été suivie.

Acquiescement aux jugements.

ART. 122. On évitera la péremption qui entraîne toujours la perte des frais déjà faits, par l'acquiescement de l'assuré au jugement pris contre lui, ou, si l'on reçoit des à-comptes, en faisant déclarer qu'ils sont versés en exécution du jugement, ce qui équivaut à un acquiescement.

Dommages-intérêts.

ART. 123. Si MM. les Agents-Généraux craignent que les droits de la Société ne soient méconnus ou mal compris par des Juges de paix, ils devront, si les cotisations dues n'atteignent pas la somme de 100 francs, élever la compétence au-dessus du dernier ressort par une demande en dommages-intérêts qui, aux termes de l'article 1229 du Code Napoléon, est parfaitement licite, faute par le sociétaire d'avoir payé sa cotisation à l'époque déterminée.

Jugement en dernier ressort.

Art. 124. Lorsque les cotisations dues n'excèdent pas 100 fr. et qu'il n'a pas été demandé de dommages-intérêts pour élever la compétence, le jugement est rendu en dernier ressort. On ne peut l'attaquer que par le pourvoi en cassation.

Appel des jugements de la justice de paix.

Art. 125. Lorsqu'un jugement prononcé en premier ou en dernier ressort portera atteinte dans ses dispositions à quelque principe essentiel du contrat d'assurance, il devra en être immédiatement référé à la Direction qui, sur les explications qui lui seront fournies, appréciera s'il convient d'interjeter appel ou de se pourvoir en cassation. Dans ce cas, il faudra ne pas laisser passer le délai de 30 jours à partir de la signification dudit jugement, après lequel l'appel ou le pourvoi ne sont plus recevables.

Exécution des jugements.

Art. 126. Après la signification des jugements, soit de défaut, soit contradictoires, et les délais de l'opposition ou de l'appel expirés, on doit, si l'assuré ne se libère pas, faire ramener ces jugements à exécution, en faisant procéder, soit à une saisie-arrêt, soit à une saisie-exécution, soit à une saisie-brandon, soit enfin à une saisie-immobilière.

Mais on ne devra recourir à ces voies qu'après en avoir référé à la Direction qui, d'après les renseignements qui lui seront transmis sur le compte du débiteur et sa solvabilité, décidera quels sont les moyens les plus propres à employer; néanmoins, en cas d'urgence, le moyen le plus convenable sera la saisie-exécution, qui présente un double avantage par la célérité et par la dispense d'en référer aux tribunaux, sauf le cas d'opposition. La saisie-exécution portera principalement sur les meubles, bestiaux et autres objets réputés saisissables. On recommandera expressément aux huissiers de ne jamais dresser de procès-verbal de carence.

Inscription judiciaire sur les biens présents et à venir du débiteur.

Art. 127. MM. les Agents ne pourront faire prendre, en vertu d'un jugement, aucune inscription hypothécaire, qu'avec l'autorisation expresse et préalable de la Direction. Ils interdiront ce droit à tous huissiers ou délégués quelconques.

Les cotisations sont dues entières pendant la faillite et après le concordat.

Art. 128. En cas de faillite, le contrat d'assurance, aux termes de l'article 346 du Code de commerce, n'est pas rompu; il continue de ressortir son effet si la Société ne formule pas une demande en résiliation.

Ainsi le syndic du failli doit payer les cotisations échues et à échoir, pendant la faillite, ou bien le concordataire, si le failli a obtenu son concordat, non pas en monnaie de dividende, mais intégralement; car, dans l'espèce, la jurisprudence a accordé aux Sociétés ou compagnies d'assurances un privilége et un droit qui s'appuient sur ce que le contrat et ses effets conservateurs subsistent en faveur du failli et de la masse, malgré la faillite, attendu qu'en cas de sinistre le syndic ou le concordataire, représentant la masse des créanciers, serait en droit de demander la réparation du dommage éprouvé.

La cotisation est indivisible et acquise à la Société pour l'année qui a commencé à courir.

Art. 129. Lorsque le contrat est annulé par le fait de l'assuré, la cotisation est due intégralement, si le risque a couru, ne serait-ce qu'un seul instant. Cette cotisation n'est jamais fractionnée.

Quotité des cotisations.

Art. 130. Le degré de la compétence du Juge-de-Paix, en matière d'assurance, est fixé, non par les cotisations cumulées, mais par les cotisations demandées, qui seules font l'objet du litige.

Procurations déposées et moyen d'éviter des frais multipliés de pouvoirs.

Art. 131. Lorsque l'assignation porte que les poursuites sont faites à la diligence de M...... Agent-général de la Société, il n'est pas indispensable que ce mandataire soit porteur d'une procuration spéciale; mais si, contre toute attente, elle était réclamée, on demandera le renvoi de la cause et on écrira immédiatement à la direction qui s'empressera d'envoyer cette procuration; il faut avoir le soin, dans ce cas, de la retirer, à moins qu'on ne veuille la déposer pour pouvoir en réclamer plus tard une expédition, en due forme, au moyen de laquelle on pourra, toutes les fois qu'il y aura nécessité de plaider, se présenter devant la justice-de-paix, sans être tenu d'effectuer la remise d'un nouveau pouvoir enregistré.

L'Agent-Général peut déléguer ses pouvoirs.

Art. 132. Si l'Agent-Général ne peut se transporter au chef-lieu de la justice-de-paix, il se fait suppléer par un de ses auxiliaires ou par toute autre personne à qui il délègue les pouvoirs nécessaires; mais pour éviter des frais, il vaut mieux, dans ce cas, faire énoncer dans la citation que les poursuites sont faites à la diligence de M....... Agent-Général, qui sera représenté à l'audience par M.....

CHAPITRE XIII.

Sinistres.

ART. 133. Dès qu'une récolte est frappée par la grêle, l'assuré, aux termes des statuts, doit dresser une déclaration conforme au modèle joint à la police d'assurance, laquelle contient la désignation des immeubles atteints, l'indication des espèces de production, les quantités de chaque espèce et la quotité approximative du dégât.

Déclaration.

ART. 134. Cette déclaration, qui, en l'absence de l'assuré ou pour toute autre cause d'empêchement, peut-être faite par un tiers en son nom, doit être envoyée franche de port, et *au plus tard dans les huit jours qui suivent le sinistre*, à la Direction Générale ou à l'Agent-Général.

Délais pour sa remise.

ART. 135. Passé le délai de huit jours, elle serait sous le coup d'une fin de non-recevoir pour cause de la déchéance encourue.

Déchéance.

ART. 136. Les assurés d'une même commune peuvent, en se conformant aux dispositions qui précèdent, dresser une déclaration collective.

Déclaration collective.

Néanmoins, MM. les Agents-Généraux devront, autant que possible, exiger des déclarations individuelles, parce qu'elles contiennent ordinairement des indications plus étendues, et que, d'un autre côté, elles facilitent bien plus non-seulement le travail intérieur des bureaux, mais encore celui des experts-vérificateurs.

ART. 137. Si la remise des déclarations s'effectue entre les mains de l'Agent-Général, il s'empressera d'en faire l'envoi à la Direction, en ayant le soin d'en faire payer le port aux assurés, ces frais étant à leur charge.

Envoi des déclarations par l'intermédiaire des Agents-Généraux.

Il accompagnera chacun de ces envois d'un état spécial sur lequel il inscrira, s'il y a lieu, ses observations particulières.

ART. 138. On devra s'abstenir de toutes démarches ou actes, desquels on pourrait induire que la Société renonce à ses droits, si l'assuré se trouvait, au moment du sinistre, dans un cas de nullité par suite du non-paiement de sa cotisation ou par toute autre circonstance entraînant la déchéance; il faudra faire, au contraire, les réserves les plus expresses à cet égard.

Précautions en cas de non-paiement de la cotisation.

CHAPITRE XIV.

De l'Expertise des dommages.

Délégation des préposés.

Art. 139. Lorsque les formalités préalables ont été remplies, la direction délègue un préposé de la Société ou expert-vérificateur pour la constatation des pertes.

MM. les Agents-Généraux ne peuvent point régler les pertes éprouvées par les assurés de leur propre agence.

Art. 140. D'après une règle générale, MM. les Agents-Généraux ne sont point chargés de régler les sinistres survenus dans leur circonscription ; d'abord pour les soustraire à des sollicitations de la part de personnes qu'ils connaissent particulièrement ; ensuite, parce que l'intérêt de localité, malgré les plus fermes résolutions de rester dans les bornes d'une stricte impartialité, parle plus haut, à leur insu, que l'intérêt de la masse. Il est difficile, en effet, d'apporter toute la fermeté et l'indépendance, qui doivent présider à ces sortes d'opérations, lorsqu'on est appelé à régler les dommages que peuvent avoir éprouvés des voisins avec lesquels on est en relations constantes, des amis que l'on voit journellement et quelquefois même des parents.

Ainsi, sauf les cas d'urgence, ils ne doivent point procéder ou faire procéder d'office à l'estimation des dégâts ; ils attendront une autorisation spéciale.

Ils doivent seconder les Experts-Vérificateurs et leur fournir tous les renseignements propres à favoriser les opérations d'expertise.

Art. 141. Si, pour des motifs aussi spécieux que ceux qui sont indiqués dans l'article précédent, MM. les Agents-Généraux ne sont pas désignés pour procéder à l'estimation des dégâts causés par la grêle aux récoltes de leurs assurés, ils n'en doivent pas moins seconder dans leurs opérations les experts que l'Administration délègue, soit en leur fournissant des renseignements oraux ou écrits, soit en les accompagnant sur les lieux du sinistre.

Choix des Experts par les Agents.

Art. 142. Lorsque la Direction confiera à MM. les Agents-Généraux le soin de désigner un expert-vérificateur, ils s'empresseront, dès l'autorisation reçue, de choisir une personne qui, aux connaissances spéciales en matière d'expertise, joigne une probité reconnue et le caractère nécessaire pour repousser toute influence de personnes ou de localités.

Ils auront le soin de bien pénétrer l'expert de leur choix de l'importance du mandat qui lui est confié, des instructions tant générales que particulières qui lui seront transmises, du but et des effets du contrat d'assurance, et ils suivront avec assiduité ses travaux, afin de ne pas le laisser dévier des règles établies.

Expert pour les céréales.

Art. 143. Pour estimer les dommages éprouvés sur des céréales, l'expert doit être pris parmi les personnes qui s'occupent spécialement d'agriculture.

Pour les vignes.

Art. 144. Les vignerons qui ont des connaissances plus étendues sur la culture des vignes, doivent être choisis de préférence pour l'évaluation des pertes causées sur cette récolte.

Pour les tabacs.

Art. 145. Pour la constatation des dégâts occasionnés au tabac, on fera choix d'un planteur expérimenté.

Principes généraux sur le règlement des dommages.

Art. 146. La marche à suivre, pour constater et vérifier les dommages, est indiquée par les statuts (art 15, 16, 17, 18, 19, 20, 21, 22, 23, 24 et 25) et les principes généraux en cette matière. L'assurance ne doit jamais être une cause de bénéfice pour l'assuré : indemniser de la perte réelle, ne payer que ce qui est dû, — tels sont les principes de saine moralité sur lesquels doivent reposer les opérations des experts-vérificateurs. S'ils les ont toujours présents à l'esprit, ils ne céderont à aucune exigence des grêlés et ils opèreront avec cette impartialité rigoureuse qui, si elle mécontente quelques personnes, commande toujours la confiance et l'estime du public.

On ne perdra pas de vue que la Société ne garantissant que les pertes réelles éprouvées, les sommes assurées, les désignations ou évaluations contenues dans l'adhésion-police ne peuvent être invoquées ou opposées comme une reconnaissance, ni comme une preuve de l'existence et de la valeur des objets assurés, soit au moment de l'assurance, soit au moment du sinistre.

Précautions à prendre avant de procéder à l'évaluation des pertes.

Art. 147. Avant de procéder à la vérification des pertes, le préposé doit, si la Direction ne lui a pas envoyé l'adhésion-police de l'assuré sinistré, se faire représenter le double de ce contrat dont ce dernier est nanti.

Il vérifiera tout d'abord :

1° Si les pièces et les arbres frappés par la grêle sont bien identiquement les mêmes que ceux assurés ;

2° Si les contenances ou quantité n'excèdent pas celles portées dans la police ;

3° Si, avant l'orage, les parcelles désignées étaient réellement susceptibles de produire le revenu déclaré.

Il n'est dû aucune indemnité sur les productions qui diffèrent d'espèces avec celles assurées.

Art. 148. Sur les pièces et les arbres non identiques, on n'accordera aucune indemnité, car l'assuré n'est en droit de rien réclamer à l'égard des productions qui diffèrent d'espèces avec celles désignées dans le contrat ou les déclarations d'assolement faites postérieurement.

Dommages proportionnels.

Art. 149. Dans le cas où les assolements réels excéderaient ceux établis dans la police ou toutes autres déclarations postérieures, on fera subir à l'estimation des pertes une réduction proportionnée à cette différence.

Ainsi, par exemple, si la valeur des récoltes, au moment de l'orage, était de 5,000 fr., et que la Société n'en ait garanti que 4,000, la distribution de la perte devra être établie proportionnellement. Ainsi, dans l'espèce, les quatre-cinquièmes pour la Société et le cinquième pour le sociétaire. En admettant, par hypothèse, que la perte soit de 3,000 fr., on posera la proportion suivante :

VALEUR TOTALE des *récoltes avant l'orage :* 5,000 fr.	Perte totale 3,000 fr. ::	4,000 fr., montant de l'assurance : x $=$ 2,400 fr., part de la Société.
		1,000 fr., montant du découvert : x $=$ 600 fr., part de l'assuré.

Cet exemple indique comment s'opère le partage proportionnel des pertes, et il explique aux assurés l'application de cette règle qu'ils comprennent rarement et qui est pourtant d'une justice incontestable.

Quelle que soit la valeur assurée, n'accorder rien au-delà du dommage effectif.

Art. 150. Lorsque, au moment du sinistre, la valeur réelle des objets assurés sera reconnue être inférieure à celle déclarée, on n'accordera que le dommage effectif et rien au-delà.

Rechercher avec soin la cause du dégât

Art. 151. Avant de s'occuper du dommage, le préposé doit en rechercher la cause avec soin. Il ne doit pas perdre de vue que la Société ne doit indemnité que pour la grêle ; il faut bien distinguer les pertes qui seraient causées par le vent ou pas la pluie, et qu'un œil peu exercé pourrait confondre.

Il doit aussi s'attacher à reconnaître et constater les détériorations qu'auraient pu subir les produits assurés, soit antérieurement, soit postérieurement à la grêle, par d'autres causes, telles que la gelée, le froid, le bouillard, l'inondation, la coulure, les insectes, etc. Ces risques ne sont pas couverts par les Sociétés.

Les évaluations doivent être faites séparément pour chaque pièce et pour chaque espèce de produits.

Art. 152. Le dommage doit être constaté et évalué par chaque pièce et pour chaque espèce de produits. Il est impossible, en effet, qu'une évaluation en masse soit exacte; elle ne peut d'ailleurs être raisonnée : elle ne doit pas être faite.

Ainsi, quel que soit le nombre des parcelles frappées, l'expert-vérificateur doit les parcourir toutes minutieusement; car les orages, dans leur marche capricieuse, ravagent, sur des points quelquefois très-rapprochés, plus ou moins les produits; et, sur une même pièce, il n'est pas extraordinaire de voir des points inégalement frappés. A plus forte raison doit-il exister des variations sensibles sur des zônes étendues et des quartiers différents.

Toute évaluation qui serait faite par induction, en d'autres termes le préposé qui, après avoir parcouru un champ, baserait sur celui-là seul, sans voir les autres, une estimation générale, procéderait d'une manière essentiellement contraire à nos instructions, et, par l'application d'un tel système, ne pourrait que compromettre les intérêts de la Société.

Les évaluations se font par vingtièmes.

Art. 153. Les vérifications de contenance et estimation de valeur réelle faites de la manière ci-dessus indiquée, le préposé fixera les évaluations par vingtièmes des pertes éprouvées. Il dira : telle pièce a souffert dans la proportion de quatre vingtièmes, telle autre dans celle de cinq vingtièmes, et ainsi de suite.

Conversion des vingtièmes en argent.

Art. 154. Cela fait, il convertira ensuite les vingtièmes en argent (1), en ayant le soin de séparer les sommes afférentes à chaque caisse : CAISSE DES CÉRÉALES, — CAISSE DES TABACS, — CAISSE DES VIGNES, — qui ont chacune une colonne distincte dans le cadre du tableau du procès-verbal d'expertise.

(1) Voir à la fin du *Manuel* le tableau indiquant le produit ou la conversion des vingtièmes alloués en argent.

Cette conversion des vingtièmes en argent a lieu au moyen de l'opération suivante : on multiplie le montant en argent que la parcelle grêlée était susceptible de donner avant l'orage, après en avoir retranché une figure, ou, en d'autres termes, le dernier chiffre de droite, par le nombre de vingtièmes accordés, et ce produit, divisé ensuite par deux, donne l'évaluation exacte des dommages.

EXEMPLE :

Céréales : Produit, 1,200 fr. — Allocation en 20/0, 7. — Conversion en argent, 420 fr.

Vignes : Produit, 800 fr. — Allocation en 20/0, 4. — Conversion en argent, 160 fr.

OPÉRATIONS :

Céréales :	120	Vignes :	80
	7		4
	840		320
Moitié :	420 résul. cherché.	Moitié :	160 résul. cherché.

Il n'est pas dû d'indemnité lorsque la perte ne s'élève pas au minimum de deux vingtièmes.

ART. 155. Aux termes de l'article 18 des statuts, il faut, pour avoir droit à une indemnité, que la perte s'élève à *deux vingtièmes* au moins de la valeur de la récolte de la parcelle grêlée.

S'il arrivait que des pièces ne fussent pas endommagées dans cette proportion, le préposé devra en dresser procès-verbal avec les réserves les plus expresses, et il mentionnera, à la colonne d'observations, le temps qu'il aura passé à faire la vérification ; car dans ce cas les frais de déplacement sont à la charge du Sociétaire.

Lorsqu'on aura acquis la certitude que les pertes n'atteignent pas le minimum de deux vingtièmes de la parcelle grêlée, il ne faut pas, cédant en cela aux sollicitations de l'assuré, faire la moindre concession dans le but de lui éviter, par une allocation quelconque, des frais que l'article 18 des statuts met à sa charge. On devra, au contraire, se montrer d'autant plus rigoureux observateur de ses devoirs, que, dans certaines contrées, il est des sociétaires exigeants qui n'usent pas seulement d'un droit, mais qui en abusent en réclamant une expertise à suite de certains orages qui n'ont occasionné aucun dégât.

Art. 156. Si le sociétaire n'accepte pas l'évaluation du préposé de la Société, il devra désigner immédiatement un expert arbitre. Tiers-Expert.

Si le préposé de la Société et le tiers-arbitre désigné par l'assuré ne tombent pas d'accord sur l'estimation, ils choisissent un tiers-expert arbitre pour les départager, et, s'ils ne peuvent s'en entendre pour son choix, il est nommé par M. le Juge-de-paix du canton où sont situées les propriétés assurées.

L'assuré supporte les frais de cette seconde expertise, si elle est conforme à l'évaluation primitive du préposé de la Société; dans le cas contraire, ils sont à la charge de la Société.

Art. 157. Si le sinistre a eu lieu à une époque où l'on peut espérer que, par l'état de la saison, les effets de la végétation et la vigueur de la sève, le mal se réparera, en tout ou en partie, l'évaluation ne sera que provisoire, et, lors de la maturité des récoltes, on procédera à une seconde expertise. Cas où les expertises ne doivent être que provisoires.

Quoique la Société conserve toujours le droit de faire réviser les évaluations de ses préposés, on devra néanmoins, dans le cas où l'expertise sera faite provisoirement, stipuler dans la colonne d'observations du procès-verbal, la clause particulière suivante, qui devra être signée par l'expert et par l'assuré : *Il est expressément convenu que l'expertise n'est que provisoire, et que, suivant les prescriptions de l'article* 21 *des statuts de l'*Iris *et* 22 *des statuts de la* Province, *il en sera fait une seconde avant la moisson.*

Art. 158. Si l'expertise a lieu dans un moment où il serait possible de remplacer la récolte sinistrée par une autre récolte, le préposé devra s'entendre avec l'assuré pour obtenir une diminution sur le montant du sinistre, si toutefois celui-ci désire ressemer, à ses risques et périls.

Il ne sera pas difficile de lui faire comprendre qu'il peut trouver dans l'application de cette mesure des avantages sérieux, incontestables, puisque, indépendamment de l'indemnité convenue qui lui sera allouée, il retirera les produits d'une nouvelle récolte.

S'il ne veut pas consentir à un traité semblable, l'expert s'opposera à ce qu'il soit rien changé à l'état du terrain, afin qu'une révision d'expertise puisse être faite à la maturité de la récolte.

Art. 159. Le préposé devra, dans l'estimation, faire une part raisonnable aux améliorations futures que pourra subir la récolte prématurément atteinte par le fléau; car il pourrait arriver que pour des causes indépendantes de la volonté de l'administration, la révision n'eût pas lieu, et alors l'assuré se trouverait recevoir, ce qui est contraire au principe de l'association, une indemnité de beaucoup supérieure aux pertes réellement éprouvées.

Un nouveau sinistre, sur la même récolte, donne lieu à une nouvelle expertise qui annule les précédentes.

Art. 160. Tout nouveau fait de grêle sur la même récolte donne lieu à une nouvelle déclaration et à une nouvelle expertise (articles 19 et 21 des statuts), et le dernier procès-verbal annule tous les précédents.

Ainsi, dans ce cas, MM. les experts devront procéder à nouveau, c'est-à-dire comprendre sur le dernier procès-verbal non-seulement les pertes résultant du dernier sinistre, mais aussi celles causées par les précédents orages, sans avoir égard aux opérations, qui auront pu être faites précédemment, soit par d'autres experts, soit par eux-mêmes. En un mot, le précédent procès-verbal devra être entièrement annulé par le dernier, et mention en sera faite à la colonne d'observations par une clause particulière conçue dans les termes suivants : *Le présent procès-verbal annule et remplace celui du......, qui, aux termes de l'art.* 21 *des statuts, demeure comme non-avenu.* — Cette stipulation devra être signée par l'expert et par le sociétaire.

Le préposé devra exiger la remise par l'assuré du premier coupon d'expertise, afin que, plus tard, celui-ci n'ait pas la prétention d'obtenir une double indemnité, ce qui pourrait lui être suggéré par la possession d'un double titre.

Absence de l'assuré.

Art. 161. Si l'assuré est absent, l'expert-vérificateur devra se faire accompagner sur les parcelles frappées par la grêle, soit par un membre de sa famille, soit par deux voisins. Il dressera, en leur présence, le procès-verbal, et, après avoir fait mention des motifs de l'absence du véritable intéressé, il requerra ceux-ci de signer pour lui. Par mesure de précaution, il fera légaliser les signatures et certifier les faits par le Maire de la commune où résidera le sociétaire absent.

Assuré illettré.

Art. 162. Si l'assuré est illettré, on prendra les mêmes précautions que pour la signature des adhésions-polices (voir art. 57 des présentes instructions) et on fera attester son consentement par deux témoins majeurs, mâles, jouissant de toutes les qualités requises à ce faire.

De la forme des procès-verbaux d'expertise.

Art. 163. Les procès-verbaux d'expertise sont faits en un seul original, au bas duquel se trouve un coupon qui, résumé fidèle de l'opération, porte en toutes lettres le montant total de l'indemnité accordée tant sur la caisse des céréales que sur la caisse des vignes et tabacs, avec les autres indications nécessaires.

L'original doit être gardé par l'expert pour être envoyé à la Direction ;

Et le coupon qui s'y rattache, après avoir été garni et signé par le préposé, est remis à l'assuré sinistré.

En cas de déchéance encourue, ne pas délivrer le coupon à l'assuré.

Art. 164. On ne délivrera pas le coupon aux assurés qui, n'ayant pas payé leur cotisation, se trouveraient sous le coup de la déchéance prévue par les statuts, ni à ceux qui n'auraient pas fait leur déclaration dans les délais voulus, ou qui se trouveraient dans d'autres cas de déchéance.

Le coupon d'expertise n'est pas négociable.

Art. 165. Le coupon d'expertise n'est pas négociable ; il ne peut, dans aucun cas, être considéré comme un mandat d'indemnité ; c'est seulement un titre établissant le chiffre des pertes accordées au sociétaire ; c'est la constatation d'un droit à une indemnité indéterminée.

Bulletin d'expertise.

Art. 166. MM. les experts-vérificateurs sont dans l'obligation expresse de tenir très-exactement la Direction au courant de leurs opérations. A cet effet, ils feront usage du bulletin d'expertise qui leur sera remis, et sur lequel ils inscriront jour par jour, au cadre à ce destiné, les noms et prénoms de tous les assurés dont ils auront évalué les récoltes, et ils porteront en regard de chacun de ces noms, dans un colonne spéciale, le chiffre de l'indemnité accordée.

Ces bulletins, qui doivent être signés par les assurés et certifiés par le préposé, seront jetés à la poste, tous les soirs, fort régulièrement.

Art. 167. Lorsque les préposés auront des renseignements à demander ou à transmettre à la Direction, ils joindront au bulletin, pour l'économie du port, la lettre sur laquelle ils auront formulé leurs demandes ou leurs communications.

MM. les Experts indiqueront à l'avance l'itinéraire qu'ils doivent suivre, ainsi que les bureaux de poste où il faut leur adresser les lettres.

Art. 168. Ils doivent indiquer, à l'avance, l'itinéraire qu'ils se proposent de suivre et les bureaux de poste où la Direction doit leur adresser les lettres qu'elle peut avoir à leur écrire.

Cette recommandation sera d'autant plus exactement suivie, qu'il arrive fréquemment que, postérieurement au départ des préposés, la Direction reçoit de nouvelles déclarations, et, pour pouvoir les envoyer à son tour, il est très-essentiel qu'elle sache dans quels lieux elle doit expédier ses envois. Toute infraction à cette mesure occasionnerait non-seulement des contremarches qui nuiraient beaucoup à la célérité des opérations, mais aussi, dans certains cas, des pertes considérables, surtout si les récoltes étaient au moment d'être enlevées.

Envoi des procès-verbaux et de l'état des journées employées à la vérification des sinistres

Art. 169. Leur mission terminée, MM. les experts-vérificateurs adresseront à la Direction, sans perte de temps, tous les procès-verbaux d'expertise par eux faits ou qu'ils tiendraient d'autres préposés qui leur auraient été adjoints.

Ils annexeront à cet envoi l'état ou la note détaillée de leurs journées de travail.

Rétribution accordée à MM. les Experts-Vérificateurs.

Art. 170. Il est accordé à MM. les experts-vérificateurs, pour leur tenir lieu de tous frais et honoraires de déplacement :

10 francs pour chaque journée de travail ou de voyage, à la condition qu'ils apporteront dans l'opération toute l'activité et tous les soins qu'elle réclame ;

Et 3 fr. par vacation de trois heures, lorsque le réglement d'un ou plusieurs sinistres ne nécessitera pas l'emploi d'une journée entière.

CHAPITRE XV.

Du Paiement des indemnités.

Fixation des indemnités.

Art. 171. Immédiatement après la rentrée de toutes les récoltes, la Direction dresse l'état-général des sinistres de l'année.

Cet état et celui des charges de l'exercice est soumis au Conseil d'administration qui, après avoir pris connaissance des ressources de la Société, fixe l'indemnité revenant à chaque sociétaire sinistré.

Art. 172. Ce travail de répartition ainsi homologué par le Conseil d'administration, la Direction expédie aux Agents-Généraux, avec les circulaires à l'appui, un état des sinistres survenus dans leur agence, établissant les sommes qu'ils ont à payer.

Envoi des états de répartition.

Art. 173. En même temps, une circulaire est adressée directement aux sociétaires, pour leur communiquer officiellement la répartition, avec leur décompte-d'indemnité.

Communication de la répartition aux Sociétaires.

Art. 174. Lorsque les assurés sinistrés, en vertu de la circulaire qu'ils auront reçue, se présenteront, porteurs du mandat d'indemnité et du coupon d'expertise, au bureau de l'agence, MM. les Agents-Généraux s'empresseront de régler avec eux.

Dressement des décomptes.

Art. 175. Quand les ressources de l'agence seront suffisantes pour désintéresser immédiatement les sinistrés, on leur paiera l'indemnité en espèces, déduction faite de la cotisation de l'exercice en cours, si toutefois elle n'a pas été acquittée à l'avance, et, pour la garantie de la Société, on leur fera signer la quittance afférente au décompte.

Paiement des indemnités.

Art. 176. Si les assurés ne savent ou ne peuvent signer, on devra le mentionner, et n'effectuer le paiement qu'en présence de deux témoins qui attesteront le fait.

Art. 177. Lorsque l'Agent ne peut subvenir au paiement des sinistres au moyen des fonds qu'il a en caisse ou des cotisations en recouvrement dans son agence, la Direction y pourvoira soit en lui envoyant des mandats, à l'ordre des sinistrés, sur la caisse de la Société, soit en lui adressant des espèces par les messageries, soit en lui expédiant des billets de banque.

Quel que soit le mode de paiement adopté par la Direction, le mandataire devra, par un article spécial, s'en débiter sur son prochain réglement. Il se créditera, par contre, des indemnités portées sur l'état de répartition au fur et à mesure qu'il en effectuera le paiement.

Art. 178. Pour justifier de cette dépense, on adressera à la Direction les décomptes-quittances en même temps que la *lettre-comptable*.

Envoi des décomptes-quittances.

Saisies-arrêts.

Art. 179. Si, après le sinistre, il a été signifié des cessions, s'il a été fait des saisies-arrêts entre les mains de l'Agent ou de la Direction, ou s'il y a eu des oppositions, on ne devra effectuer aucun paiement ni en totalité, ni en partie, qu'après y avoir été autorisés. L'Agent qui ne se conformerait pas à cette importante prescription, serait personnellement responsable de tout paiement irrégulier.

CHAPITRE XVI.

Comptabilité.

Registres à tenir.

Art. 180. La comptabilité que MM. les Agents-Généraux ont à tenir a été réduite à sa plus simple expression, savoir :

1° *Un registre d'inscription d'adhésions-polices, ou journal d'assurances* ;

2° La *lettre-comptable.*

Registre d'inscription d'adhésions-polices.

Inscription des Adhésions-Polices.

Art. 181. Aussitôt qu'une adhésion-police est rédigée, elle reçoit le numéro d'ordre et la date du jour de son expédition, et elle est inscrite, dans le même ordre, sur un registre spécial, avec toutes les indications nécessaires : nom, prénoms, profession et domicile de l'adhérent, valeur assurée, maximum de la contribution, frais d'administration, total de la cotisation annuelle, frais de police, expédition et autres.

La série des numéros doit se suivre sans interruption.

Art. 182. Cette inscription aura toujours lieu en une seule ligne, et de manière que les polices se suivent, sans interversion, par ordre de dates et de numéros.

La série qui, dans chaque agence, commencera au n° 1, continuera sans interruption ni répétition, et, autant que possible, sans numéros bis. Un exercice nouveau n'interrompt pas la série.

Le changement de titulaire n'interrompt pas la série des numéros.

Art. 183. Lorsque, par suite de décès, de démission ou de révocation du titulaire, il est procédé à son remplacement, le nouveau mandataire ne doit pas commencer une nouvelle série de numéros; il doit continuer celle déjà existante.

Art. 184. L'inscription au journal une fois faite, ne doit jamais changer, quelles que soient les modifications qui surviennent, sauf le cas suivant :

Cas d'erreur dans le registre d'inscription des polices.

Si on avait commis une erreur dans l'une ou plusieurs colonnes du journal d'assurances, et que cette erreur fût reconnue avant l'arrêté mensuel, on se bornerait à rétablir le chiffre exact ; mais si l'erreur était reconnue plus tard, et qu'elle fît partie des colonnes totalisées, on corrigerait à l'encre rouge de préférence, les chiffres inexacts, ainsi que les totaux déjà arrêtés. Avis de ces rectifications sera donné à la Direction-Générale.

Art. 185. Si l'adhésion-police, au lieu d'avoir un effet *immédiat,* avait un effet différé, elle n'en devrait pas moins être inscrite le jour même de sa conclusion sur le journal, à son numéro d'ordre ; seulement on ferait mention, à la colonne d'observations, de cette circonstance, par ces mots :

Assurance à effet différé.

L'effet de cette assurance ne commencera que le premier janvier.....

Art. 186. Les Adhésions-Polices de *renouvellement,* ainsi que celles souscrites en *reprise* sur une autre société, seront inscrites sur le journal avec un numéro d'ordre nouveau, aussitôt après leur confection, de la même manière que les assurances simples. Dans le premier cas, on mentionnera, en tête de la police nouvelle, l'indication suivante : *Renouvellement de la Police,* n°......, et on répètera cette mention à la colonne d'observations du journal. Dans le second cas, la relation qui suit devra être inscrite non-seulement en tête de l'Adhésion Police, mais à la colonne d'observations du dit journal : *Reprise sur la société.........*

Polices de renouvellement et reprises d'assurance.

Art. 187. Lorsqu'une Adhésion-Police inscrite sur le journal cesse son effet, par un motif quelconque, on l'indiquera par ces mots à la colonne d'observations du registre d'inscription : *Annulée ou résiliée à suite de.........*

Des annulations, résiliations et extinctions.

Art. 188. Les actes supplémentaires ou avenants pour *augmentation* des valeurs assurées ou des cotisations, sont inscrits sur le journal par ordre de date ; mais au lieu de prendre le numéro d'ordre de la série générale, ils portent le numéro de l'Adhésion-Police à laquelle ils se rattachent, avec cette relation à la colonne d'observations : *Augmentation à la Police n°........*

Inscription des avenants.

Arrêté mensuel du registre d'inscription.

ART. 189. Chaque fin de mois, le registre d'inscription des Adhésions-Polices doit être régulièrement arrêté dans la forme et de la manière suivantes :

L'Agent-Général tirera une ligne sous la dernière police inscrite, totalisera chacune des colonnes, et posera ces additions sur la ligne qui suit immédiatement.

Puis, pour clore le premier mois, on devra tirer une autre ligne sous les totaux obtenus.

On écrira ensuite, sur la ligne suivante, en gros caractères, le nom du mois subséquent, pour continuer l'inscription des polices sur la ligne immédiateuent au-dessous.

Pour la clôture de chacun des mois postérieurs, on fera, comme pour le premier, l'addition des opérations.

Cas de non-assurances dans le mois.

ART. 190. S'il arrivait que, dans le courant d'un mois, on n'eût effectué aucune assurance, il n'en faudrait pas moins écrire, au-dessous des totaux du mois précédent, le nom du mois en cours, qui sera immédiatement suivi de l'indication : *Néant*.

Récapitulation des opérations à la fin de chaque année.

ART. 191. A la fin de chaque exercice, on fera une *récapitulation* de toutes les opérations de l'année. On portera, sous ce titre, les divers totaux mensuels, ce qui prendra au plus douze lignes, et, l'addition faite de ces résultats partiels, on aura la *totalité* des opérations réalisées pendant le cours de l'exercice.

Indication des exercices.

ART. 192. Le premier mois de chaque année doit être précédé de ces mots, mis en caractères très-saillants :

EXERCICE 185...

Répertoire des assurés.

ART. 193. Pour s'épargner des recherches souvent longues et pénibles, MM. les Agents-Généraux pourraient former une table ou répertoire par ordre alphabétique, où les noms et prénoms des assurés et le numéro de leurs adhésions-polices seraient exactement inscrits, au fur et à mesure de la réalisation de ces actes.

Lettre-Comptable.

ART. 194. Depuis l'adoption de la *Lettre-Comptable*, MM. les Agents-Généraux n'ont à tenir aucun registre spécial de caisse, ni à adresser à la Direction aucuns bordereaux et relevés mensuels détachés.

La *Lettre-Comptable*, en un mot, résume toute la comptabilité que les Agents ont à tenir; elle est le modèle le plus complet et en même temps le plus simple quant à sa rédaction, qui, pour les opérations d'assurances, ait paru jusqu'à ce jour.

Théorie de la *Lettre-Comptable*.

ART. 195. La *Lettre-Comptable* est complète, parce qu'elle réunit tous les bordereaux, cadres et relevés mensuels qui sont nécessaires à la reddition des comptes, savoir:

1° *Bordereau n°* 1 (2ᵉ page), sur lequel on doit transcrire très-exactement, au commencement de chaque mois, les adhésions-polices et les avenants d'augmentation réalisés pendant le mois précédent et inscrits sur le *Journal d'assurances* ;

2° *Bordereau n°* 2 (3ᵉ page), destiné à recevoir le détail, par *Chapitres*, des billets-quittances recouvrés pendant le mois expiré. Ainsi, au *Chapitre* 1ᵉʳ, on portera les billets recouvrés afférents aux assurances de première année; ceux qui se rattacheront aux assurances des exercices antérieurs formeront le *Chapitre* 2ᵉ ;

3° *Cadre n°* 3 (4ᵉ page), exclusivement destiné à recevoir le détail des sommes payées aux sinistrés, soit en billets-quittances (ces billets sont considérés comme des valeurs de caisse), soit en mandats sur la caisse de la Société, soit en numéraire ;

4° *Cadre n°* 4 (même page), affecté à l'inscription de tous les frais divers dont le remboursement est autorisé (voir l'art. 22 des présentes instructions);

5° *Situation des Billets-Quittances de l'agence n°* 5 (p. 1), au DÉBIT de laquelle on doit porter, avec le plus grand soin, lorsqu'il y a lieu: le solde du précédent règlement, le montant des bordereaux de cotisation à recouvrer envoyés par la Direction, les billets adressés par un collègue et dûs par des sociétaires résidant dans le canton ou dans d'autres localités rapprochées du siége de l'agence, enfin les frais de justice exposés contre des assurés récalcitrants qui, figurant aux dépenses-numéraire et étant susceptibles de remboursement, doivent être ajoutés à la somme principale due par ces assurés. — Au CRÉDIT de cette même situation, on fait ressortir, le cas échéant: le total des billets-quittances recouvrés (bordereau n° 2), le montant des billets-quittances annulés désignés à l'état n° 6 dont il sera parlé ci-après, et les transferts opérés, c'est-à-dire les envois de mandats souscrits par des sociétaires dont le domicile est trop éloigné, à des collègues plus à portée d'en effectuer le recouvrement ;

6° *Etat des billets à annuler n° 6* (page 1) ; il reçoit, ainsi que le titre l'indique, toutes les cotisations dont le recouvrement ne peut avoir lieu, soit pour cause d'insolvabilité notoirement constatée de l'assuré, soit pour tout autre motif légitime ; il doit comprendre aussi les diminutions que, dans certains cas, il devient nécessaire d'opérer sur les billets-quittances ;

7° *Relevé n° 7* (pages 3 et 4), lequel comprend tous les billets-quittances non encore recouvrés, avec les frais de justice exposés dont le remboursement peut être opéré ;

8° Enfin, ce modèle contient un *Relevé spécial de toutes les recettes et dépenses numéraire*, du..... (date du précédent règlement), au........ (jour de la clôture de la *Lettre-Comptable*). On porte aux RECETTES, selon le cas : le solde débiteur de la précédente feuille, le montant des adhésions-polices souscrites au comptant (bordereau n° 1, page 2), le montant des billets-quittances recouvrés (bordereau n° 2, page 3), le numéraire reçu de la Direction générale et toutes autres recettes non prévues. — On inscrit aux DÉPENSES, lorsqu'il y a lieu : le solde créancier du précédent règlement, les remises sur les assurances faites au comptant ou sur les cotisations recouvrées, les indemnités de sinistre payées (cadre n° 3), les frais divers (cadre n° 4), et tous autres paiements effectués sur une autorisation spéciale de la Direction.

ART. 196. Si la *Lettre-Comptable* est complète par la réunion de tous les bordereaux, cadres et relevés relatifs à la comptabilité, elle est aussi élémentaire, d'une rédaction facile, parce que son mécanisme est à la fois simple et pratique ; il suffira de lire attentivement le titre des divers bordereaux ou cadres qu'elle renferme, pour en comprendre la théorie.

Opérations négatives.

ART. 197. S'il arrivait qu'il n'y eût aucune opération à inscrire pendant un mois sur l'un ou plusieurs bordereaux, cadres et relevés de la *Lettre-Comptable*, il suffirait d'indiquer leur nullité par ce seul mot : NÉANT, mis en caractères saillants.

Faire les *Lettres-Comptables* en double expédition.

ART. 198. Les *Lettres-Comptables* doivent être faites en double. Un de ces doubles est envoyé à la Direction ; l'autre, destiné à former les archives de l'agence, doit être soigneusement conservé pour être consulté, au besoin, et, en cas de réquisition, représenté à MM. les Inspecteurs de la Société.

Leur donner un numéro d'ordre.

Art. 199. Un numéro d'ordre sera donné aux *Lettres-Comptables.*

On ne recommencera pas un nouvelle série pour chaque exercice; on continuera, sans interruption, celle déjà existante.

Mode de prélever les remises.

Art. 200. Les explications qui précèdent sur la théorie de la *Lettre-Comptable* seraient, pour la plupart des Agents-Généraux nouvellement installés, peut-être insuffisantes, si nous ne leur demontrions d'une manière toute particulière, le mode de prélever les remises.

Elles ne se perçoivent pas par anticipation.

Art. 201. En principe, les remises ne se perçoivent jamais par anticipation, ou, en d'autres termes, avant l'encaissement intégral des cotisations.

Sur les assurances au comptant on prélève immédiatement la commission.

Art. 202. Lorsque les assurances sont souscrites au *comptant*, et on entend par assurances au comptant celles dont la cotisation de la première année est payée en entier au moment de la conclusion de la police, MM. les Agents-Généraux portent en dépense, à l'article 1er des remises, 20 centimes p. 0/0 sur les valeurs assurées et 1 fr. par adhésion-police.

Si l'assuré ne payait comptant qu'une partie de la cotisation, il n'y aurait pas lieu à se créditer de suite de la commission allouée; il faudrait attendre pour cela que l'autre portion de prime fût encaissée.

Remises sur les assurances à terme et sur les billets de cotisation afférents aux assurances des exercices antérieurs.

Art. 203. Pour faciliter le prélèvement des remises, il est essentiel d'inscrire, au bordereau n° 2, les billets-quittances recouvrés de la manière suivante :

On fera deux chapitres.

Le *Chapitre* 1er comprendra toutes les cotisations recouvrées afférentes aux assurances de première année.

Au *Chapitre* 2me on portera toutes celles afférentes aux assurances des exercices antérieurs.

Après avoir totalisé séparément les deux chapitres, colonnes des valeurs assurées et des cotisations, on fera une *récapitulation*, afin d'obtenir un résultat général.

Sur les valeurs assurées composant le chapitre 1er, les

remises sont, comme pour les assurances faites au comptant, de 20 centimes p. 0/0 et de 1 fr. par adhésion-police.

Et sur les valeurs assurées que produira le chapitre 2me, la commission n'est que de 10 centimes p. 0/0.

Inscrire, au bordereau n° 2, les billets-quittances recouvrés sous le n° d'ordre de la Direction générale.

ART. 204. L'inscription des billets-quittances recouvrés au bordereau n° 2, doit être faite, pour la facilité des recherches, non sous le numéro d'ordre de l'agence, mais bien sous celui de la Direction-Générale.

Ne rien payer sans quittances.

ART. 205. Toutes les dépenses faites pour le compte de la Société doivent être justifiées. Ainsi, on ne devra rien payer sans une quittance ou décharge en bonne forme.

Ces pièces justificatives doivent être jointes à la *Lettre-Comptable* au crédit de laquelle elles figureront.

Envoi d'un mandat pour solde des *Lettres-Comptables.*

ART. 206. Pour couvrir la Direction des sommes encaissées, MM. les Agents souscriront un mandat payable à leur domicile, à vue, ou à une date fixe très-rapprochée; ils le joindront à la *Lettre-Comptable.*

Ces mandats, sous peine d'amende, doivent être souscrits sur des effets de commerce.

ART. 207. Aux termes de la loi du 5 juin 1850, ces mandats doivent être formulés sur des effets de commerce au timbre *proportionnel;* car on ne peut point négocier, sans encourir une amende, les valeurs qui seraient consenties sur papier libre, c'est-à-dire sur des feuilles non timbrées.

Mais lorsque l'encaisse ne s'élèvera qu'à une somme moindre de 25 fr., on n'enverra pas de mandat; on gardera le solde pour être reporté au débit du prochain règlement, à moins que l'encaisse ne soit la représentation des rentrées finales, auquel cas, il faudrait, quelle que fût la somme, en couvrir la Direction, non par une obligation, mais par un mandat sur la poste.

Autorisation de porter en dépense le coût des effets.

ART. 208. On portera en dépense le coût des timbres de commerce employés, savoir : 5 centimes pour les mandats de 100 fr. et au-dessous; 10 centimes pour ceux au-dessus de 100 fr. jusqu'à 200 fr.; 15 centimes au-dessus de 200 fr. jusqu'à 300 fr.; 20 centimes au-dessus de 300 fr. jusqu'à 400 fr.; 25 centimes au-dessus de 400 fr., jusqu'à 500 fr.; cinquante centimes au-dessus de 500 fr.; jusqu'à 1,000 fr., etc., etc.

Cas d'erreurs sur les *Lettres-Comptables.*

ART. 209. Si, avant l'envoi de la *Lettre-Comptable,* une erreur de chiffre est reconnue, on la corrige immédiatement, ou, ce qui est préférable, on refait ce compte; si elle est reconnue plus tard, il faut, suivant le cas, passer, dans le mois où l'on s'en aperçoit, un contre-article, soit en recette. soit en dépense, ou bien ajouter à la recette ou à la dépense l'omission reconnue, ainsi que le complément de la somme dont, par erreur, on n'aurait porté qu'une partie.

Redressement dans les comptes.

ART. 210. Si, après vérification, la *Lettre-Comptable* d'un Agent donne lieu à des redressements et que la Direction envoie une note de rectification, il doit, après en avoir reconnu l'exactitude, rectifier de conformité, à l'encre rouge, le double qui est resté en sa possession, de manière à ce que les soldes en numéraire et en billets-quittances concordent avec ceux qui lui sont signalés. Ces soldes, ainsi rectifiés, sont reportés ensuite au débit du prochain règlement.

ART. 211. Quand il existe des différences minimes (quelques centimes) entre le solde des billets-quitances et le total des mandats portés sur le relevé n° 7, et que l'on a acquis la certitude que ces différences ne proviennent pas, soit d'une fausse opération d'addition ou de soustraction, soit d'inscriptions erronées d'un ou plusieurs billets quittances, figurant au bordereau n° 2 ou au relevé n° 7, on porte, par un article spécial formulé ainsi : *Différence*, au débit, la somme nécessaire pour faire concorder le solde et le total précités, si ce solde est moins élevé que le total du relevé n° 7, et, dans le cas contraire, on fait sortir la différence au crédit.

CHAPITRE XVII.

Mode de transmission des Lettres-Comptables, adhésions-polices et autres pièces de comptabilité.

Envoi mensuel des pièces de comptabilité.

ART. 212. A part les avis d'assurance qui, comme l'indique l'art. 61 des présentes instructions, doivent être adressés, par la poste, le jour même de la réalisation des polices, et les déclarations de sinistre qu'il importe aussi d'expédier *franco*, sans le moindre retard, l'envoi des autres pièces s'effectue de la manière suivante :

Du 1er au 5 de chaque mois, la Lettre-Comptable est expédiée à la Direction avec toutes les pièces justificatives à l'appui, telles que polices, avenants, quittances de sinistres, billets de cotisation annulés, etc., etc.

Art. 213. L'exactitude dans l'envoi de ces pièces doit être d'autant plus rigoureuse que, depuis l'adoption de la loi du 5 juin 1850, relative aux effets de commerce et aux polices d'assurances, la Direction est dans l'obligation d'inscrire, *par ordre de date*, toutes les adhésions-polices réalisées, soit dans ses bureaux, soit dans les diverses agences composant la circonscription de la Société, sur un registre général qui, soumis à la vérification et au *visa* des préposés de l'enregistrement, doit être tenu avec le plus grand ordre et la plus grande régularité.

Tout retard dans l'envoi des polices aurait pour conséquence fâcheuse de rompre l'harmonie des opérations, d'entraver l'inscription des contrats d'assurance et partant de placer la Direction sous le coup de fortes amendes. Il y a donc nécessité absolue de se conformer avec la plus rigide exactitude aux prescriptions qui précèdent.

Reddition des comptes. En temps ordinaire, tous les mois, et tous les quinze jours à l'époque de la rentrée des cotisations

Art. 214. Si, en temps ordinaire, l'envoi des *Lettres-Comptables* n'a lieu qu'au commencement de chaque mois, il n'en est pas ainsi à l'époque du recouvrement des cotisations, c'est-à-dire à partir du 1er août, date de l'échéance des billets-quittances. Alors, pour tenir la Direction au courant des rentrées opérées, on doit adresser très exactement, *tous les quinze jours au plus tard*, ces feuilles de comptabilité; cette règle doit être rigoureusement observée; car, si l'envoi de ces comptes ne s'effectuait pas d'une manière suivie, l'économie des écritures serait nécessairement détruite, et la répartition des indemnités forcément retardée.

Envois par la poste.

Art. 215. Depuis la réforme postale, il est souvent économique, surtout de la part des Agents qui résident sur des points éloignés de la Direction, de faire leurs envois mensuels *par la poste*, même dans le cas où les paquets seraient un peu volumineux. En effet, un paquet n'excédant pas le poids de 100 grammes n'est taxé, s'il est affranchi, que 80 centimes; 1 fr. 60 celui pesant au-delà de 100 grammes jusqu'à 200, et ainsi de suite.

Un exemple fera peut-être mieux apprécier l'importance de ce qui précède :

Qu'on ait à expédier une *Lettre-Comptable*, 10 adhésions-polices avec les billets-quittances y afférents et quatre décomptes d'indemnité de sinistres. Réunies sous une enveloppe, toutes ces pièces ne paieront que 80 centimes de port, car leur poids n'excédera pas 100 grammes ; il ne sera, au contraire, que d'environ 90 grammes.

Il y a donc à la fois sûreté, célérité et économie à adresser les pièces de comptabilité par la poste.

Envois par les Messageries.

ART. 216. On ne devra adresser par les Messageries et les voitures de localités de préférence, *sous toile ou papier d'emballage*, que les envois volumineux, après avoir acquis la certitude que, par ce mode de transport, les frais que la Direction aura à payer seront moindres.

La suscription de ces paquets doit porter en tête le mot suivant : IMPRIMÉS.

Démonstration du nouveau système postal. Avantages qu'on peut en tirer.

ART. 217. En exécution de la loi du 20 mai 1854, le service postal a été modifié comme suit :

« La taxe des lettres affranchies circulant de bureau à » bureau de poste, est réduite à 20 centimes par lettre » simple.

» Les lettres non affranchies sont taxées 30 centimes.

» La taxe des lettres pesantes est déterminée ainsi qu'il » suit :

	Lettres affranchies.	Lettres non affranchies.
Au-dessus du poids de 7 grammes 1/2 jusqu'à 15 grammes.	40 c.	60 c.
Au-dessus du poids de 15 grammes jusqu'à 100 grammes.	80 c.	1 fr. 20 c.
Au-dessus du poids de 100 grammes, pour chaque 100 grammes, ou fractions de grammes excédant.	80 c.	1 fr. 20 c.

» Toute lettre revêtue d'un timbre insuffisant sera con» sidérée comme non affranchie et taxée comme telle, » sauf réduction du prix du timbre.

» Il n'est rien changé à la taxe des lettres de la ville, » pour la ville ni à celle des lettres circulant dans l'inté» rieur de l'arrondissement postal d'un bureau. »

Ainsi, d'après ce qui précède, il y a avantage et avantage très grand à affranchir les lettres. C'est pour en profiter qu'il a été décidé que MM. les Agents adresseraient, *franco*, tous leurs envois à la Direction ; seulement, comme ces frais ne doivent pas être à leur charge, ils devront en tenir note exacte, et, lors du règlement de leur compte, les porter en dépense, en ayant le soin de détailler les articles au cadre n° 4 de la *lettre-comptable*, de manière à ce que la vérification puisse en être faite facilement.

On ne devra jamais porter diverses lettres en bloc; cette dépense serait rejetée.

Il y a quelquefois économie à diviser les envois en deux lettres. Lorsque, par exemple, on a à expédier des pièces qui pèsent 16, 17, 18 et jusqu'à 20 grammes, on fait deux plis, pour ne pas payer un port de 100 grammes. Le premier pli, pesant environ 14 grammes, sera taxé 40 centimes, double port; l'autre, un port simple, c'est-à-dire 20 centimes; ensemble, 60 centimes.

Ce supplément de taxe inutilement payé, constituerait, à la longue, quoiqu'en apparence fort minime, un déboursé considérable et d'autant plus onéreux pour la Direction, que sa correspondance est très-étendue puisqu'elle est en relations journalières avec des agents ou assurés, par centaines.

On peut suppléer à l'absence des poids par des pièces d'argent.

Art. 218. Comme MM. les Agents-Généraux n'auront pas toujours sous la main les poids nécessaires pour peser les lettres, ils pourront y suppléer par des pièces *d'argent*, dont nous leur donnons ci-après le poids exact :

Pièce de	5 francs.	25 grammes;
—	2 »».	10 —
—	1 »».	5 —
—	» 50 centimes.	2 grammes 50 centigr.
—	» 25 —	1 — 25 —

Art. 219. Pour former, en pièces d'argent, le poids représentatif d'une lettre simple (7 grammes 1/2), on prendra deux pièces, l'une de 1 fr. et l'autre de 50 centimes; on aura le maximum du port double (15 grammes), au moyen de trois pièces de 1 fr. chacune, ou bien une pièce de 2 fr. et l'autre de 1 fr.; enfin, pour le poids de 100 grammes, on mettra quatre pièces de 5 fr. dans le plateau de la balance ou du trébuchet.

Opérations négatives.

Art. 220 S'il arrivait que, dans un mois, il n'y eût absolument aucune opération à faire connaître, on ne transmettrait pas à la Direction de *Lettre-Comptable* mensuelle; mais il faudrait écrire immédiatement après la fin du mois, pour faire connaître les causes qui auraient amené ce résultat négatif.

CHAPITRE XVIII.

Dispositions générales.

Des demandes de matériel.

Art. 221. Les Agents-Généraux ne doivent jamais rester dépourvus du matériel nécessaire à leurs opérations; ils auront le soin de réclamer, à l'avance, à la Direction, et sans attendre qu'ils soient entièrement épuisés, tout ou partie des imprimés dont ils ont besoin.

Hors les cas d'urgence, on profitera de la correspondance ordinaire pour adresser les demandes de matériel.

On ne demandera que ce qui sera strictement nécessaire, afin de diminuer les frais de transport de paquets.

Les envois sont affranchis par la Direction.

Art. 222. La Direction, d'après une convention faite avec l'Administration des Messageries du Midi et du commerce, envoie tous ses paquets, sur les nombreuses lignes desservies par cet établissement, *port et factage payables au retour, sur reçu du destinataire*. Ainsi, MM. les Agents-Généraux n'ont ordinairement rien à payer; ils délivreront seulement un reçu ou récépissé de réception, en vertu duquel les frais seront acquittés dans les bureaux de la Direction.

Cependant, lorsque le service des Messageries ne se fait pas directement pour une localité, il est possible que les envois ne puissent être affranchis. Dans ce cas, il sera tenu compte aux Agents de leurs déboursés.

Correspondance.

Art. 223. Les Agents-Généraux transcriront sur un registre, en les numérotant par ordre de dates, leurs lettres adressées à la Direction, aux inspecteurs et préposés en tournée, et celles aux Agents auxiliaires.

Ils conserveront en liasse toutes les lettres et circulaires qu'ils recevront concernant les affaires de la Société.

Comptabilité.

Art 224. Les *Lettres-Comptables* seront classées par ordre de dates et de numéros; elles seront soigneusement conservées et mises en lieu sûr.

Aucune dérogation ne peut être faite aux Statuts. — Application exacte du tarif.

Art. 225. Dans aucun cas, les Agents-Généraux ne pourront, par des clauses manuscrites insérées dans les polices, modifier les dispositions des statuts qui sont la loi commune des assurés.

Ils ne pourront non plus, à moins d'autorisation spéciale, faire des assurances à un taux inférieur à celui de la catégorie à laquelle appartiennent les localités formant leur circonscription territoriale.

Ceux qui, perdant de vue cette disposition prohibitive, relateraient dans les adhésions-polices des clauses qui tendraient à déroger aux conditions générales, ou qui prélèveraient des cotisations insuffisantes eu égard à la gravité du risque, deviendraient passibles du préjudice résultant pour la Société de l'inobservation des instructions émanées de l'Administration.

Des contestations judiciaires.

ART. 226. S'il s'élève des contestations avec un assuré ou tout autre personne, soit à raison d'un sinistre, soit pour tout autre motif, MM. les Agents devront en instruire immédiatement la Direction et lui envoyer les copies des actes signifiés et tous les documents nécessaires pour lui faciliter le moyen d'apprécier les causes de la contestation.

Oppositions et saisies-arrêts.

ART. 227. Lorsqu'il sera fait, entre les mains des Agents, des oppositions, ou saisies-arrêts sur les sommes que la Société pourra avoir à payer à un assuré sinistré, on ne les visera pas et on n'en délivrera aucun récépissé; on se bornera à recevoir ces actes et on les adressera immédiatement à la Direction dont on attendra les ordres ultérieurs.

Les présentes instructions annulent toutes les précédentes.

ART. 228. Les présentes instructions annulent et remplacent toutes celles qui ont été publiées antérieurement, notamment l'ancien manuel des Agents qui demeure entièrement abrogé.

Modifications aux instructions.

ART. 229. Lorsque la Direction fera connaître aux Agents quelques modifications apportées aux présentes instructions, ils auront soin de les annoter immédiatement en marge des articles auxquels ces modifications se rapporteront, en indiquant leur date.

Les présentes instructions sont confidentielles.

ART. 230. Ces instructions ne sont point destinées à être communiquées aux personnes étrangères aux Sociétés; aussi MM. les Agents sont priés de les considérer comme un acte confidentiel entre eux et l'Administration.

MODÈLES DE CITATIONS.

A la suite des instructions générales, nous avons cru à propos de donner les formules ou libellés des citations à faire notifier contre les assurés en retard de payer leurs cotisations échues.

Nous rappellerons ici sommairement ce que nous avons déjà dit dans le chapitre 12, à savoir : qu'aucune instance (article 110) ne doit être engagée, sans avoir préalablement demandé à la Direction la relation de l'enregistrement de la police d'assurance du débiteur, et, s'il y a lieu, des instructions spéciales; que si le montant des cotisations faisant l'objet de la demande excède 200 fr., l'assignation doit être donnée en conciliation ; elle est, au contraire, en condamnation, lorsque les sommes dues ne dépassent pas ce chiffre.

MODÈLE N° 1.

Citation en conciliation.

L'an (indiquer l'année), *le* (indiquer le mois et le jour).

A la requête de la Société la Province *ou l'*Iris (selon le cas), *assurance mutuelle contre la grêle, autorisée par le Gouvernement, dont le siège est à Toulouse, place Louis-Napoléon, n° 18, représentée par son directeur, M. J.-B. Fargues, avocat, qui fait élection de domicile au dit Toulouse, poursuite et diligence de M. . . . . . . Agent-Général à. . . . . . où il élit domicile.*

Je . . . . huissier à . . . . soussigné.

Ai cité le sieur . . . . . (désigner les nom, prénoms et profession de l'individu) *etc., à comparaître le . . . . heure de . . . . . . à l'audience publique, et par-devant M. le Juge-de-Paix du canton de . . . . . pour se concilier, si faire se peut, sur la demande que la Société la* Province *ou l'*Iris *est dans l'intention de former en justice pour le faire condamner à lui payer : 1° la somme de . . . . qu'il lui doit pour sa cotisation d'assurance de 185 ainsi qu'il conste de sa police du . . . , enregistrée à . . . . le . . . . . folio . . . . c. . . . par M. . . . . , receveur, qui a perçu les droits ; 2° Et à celle de . . . . montant des frais d'enregistrement de la susdite police, ensemble . . . . , lui déclarant que le bénéfice de l'assurance demeure suspendu à son égard jusqu'à parfait paiement sans que néanmoins la police soit résolue ; le tout sans préjudice d'autres dus, avec dépens ; et afin que ledit sieur . . . . etc.*

MODÈLE N° 2.

Citation en condamnation devant M. le Juge de paix (1).

L'an (indiquer l'année), *le* (indiquer le mois et le jour).

A la requête de la Société la Province *ou l'*Iris (selon le cas), *assurance mutuelle contre la grêle, autorisée par le Gouvernement, dont le siège est à Toulouse, place Louis-Napoléon, n°* **18**, *représentée par son directeur M. J.-B. Fargues, avocat, qui fait élection de domicile au dit Toulouse, poursuite et diligence de M. . . . . . , Agent-Général à . . . . . où il élit domicile.*

Je . . . . huissier à . . . . . . soussigné.

Ai cité le sieur . . . . . . , demeurant à . . . . . . à comparaître le . . . . . , heure de . . . . . , par-devant et à l'audience de M. le Juge de paix du canton de . . . . . . , au lieu ordinaire de ses séances, pour, en sa qualité de sociétaire de la Province *ou l'*Iris, *s'entendre condamner à payer à la société requérante :* **1°** *la somme de . . . . , qu'il doit pour sa cotisation de* **185** . . *ainsi qu'il conste de sa police d'assurance du. . . . . .* **185** . . *enregistrée à Toulouse le . . . ,* **185** . . *fol. . . . . c. . . . par M. . . . . . . , receveur, qui a perçu les droits ;* **2°** *Celle de . . . . . montant des frais d'enregistrement de la susdite police ; lui déclarant que le bénéfice de l'assurance demeure suspendu à son égard jusqu'à parfait paiement, sans que toutefois le contrat soit résolu ; entendre dire que le jugement à intervenir sera exécutoire par provision, nonobstant appel* (si la demande est au-dessus de **100** fr.) *et sans que le requérant, comme procède, soit tenu de donner caution.*

Le tout sans préjudice d'autres dus, droits et actions, requérant intérêts et dépens ; et afin que ledit sieur . . . . ne l'ignore, j'ai laissé en son domicile, en parlant à. . . une copie du présent dont le coût est de. . . .

---

(1) Lorsque la somme principale, portée dans l'exploit, ou, en d'autres termes, le montant des cotisations dues ne dépasse pas 100 fr., le jugement est en dernier ressort et n'est attaquable que par le pourvoi en cassation (voir l'article 124 des présentes instructions). — Si le débiteur n'a pas d'objections sérieuses à opposer, il sera de l'intérêt de la Société de faire prononcer le jugement en dernier ressort ; mais si, au contraire, on a la certitude que l'instance donnera lieu à quelques incidents, et si on craint que les droits de la Société soient mal appréciés ou mal compris par le juge, on devra élever la compétence au-dessus du dernier ressort par une demande en dommages-intérêts qui, aux termes de l'article 1229 du code Nap., est parfaitement licite, faute par le sociétaire d'avoir payé sa cotisation à l'époque déterminée. Dans ce cas, on ajoutera au libellé de l'assignation, immédiatement après la demande en remboursement des frais d'enregistrement de la police, ces mots : 3° *Et à cent francs de dommages-intérêts*, — et on continuera la rédaction usitée.

EXPERTISES.

1,000f.		DE 2f A 2,000f.				DE 3f A 3,000f.				DE 4f A 4,000f.			
F. 100	F. 1000	F. 2	F. 20	F. 200	F. 2,000	F. 3	F. 30	F. 300	F. 3,000	F. 4	F. 40	F. 400	F. 4,000
f.	f.	f. c.	f.	f.	f.	f. c.	f. c.	f.	f.	f. c.	f.	f.	f.
5	50	» 10	1	10	100	» 15	1 50	15	150	» 20	2	20	200
10	100	» 20	2	20	200	» 30	3 »»	30	300	» 40	4	40	400
15	150	» 30	3	30	300	» 45	4 50	45	450	» 60	6	60	600
20	200	» 40	4	40	400	» 60	6 »»	60	600	» 80	8	80	800
25	250	» 50	5	50	500	» 75	7 50	75	750	1 »»	10	100	1,000
30	300	» 60	6	60	600	» 90	9 »»	90	900	1 20	12	120	1,200
35	350	» 70	7	70	700	1 05	10 50	105	1,050	1 40	14	140	1,400
40	400	» 80	8	80	800	1 20	12 »»	120	1,200	1 60	16	160	1,600
45	450	» 90	9	90	900	1 35	13 50	135	1,350	1 80	18	180	1,800
50	500	1 »»	10	100	1,000	1 50	15 »»	150	1,500	2 »»	20	200	2,000
55	550	1 10	11	110	1,100	1 65	16 50	165	1,660	2 20	22	220	2,200
60	600	1 20	12	120	1,200	1 80	18 »»	180	1,800	2 40	24	240	2,400
65	650	1 30	13	130	1,300	1 95	19 50	195	1,950	2 60	26	260	2,600
70	700	1 40	14	140	1,400	2 10	21 »»	210	2,100	2 80	28	280	2,800
75	750	1 50	15	150	1,500	2 25	22 50	225	2,250	3 »»	30	300	3,000
80	800	1 60	16	160	1,600	2 40	24 »»	240	2,400	3 20	32	320	3,200
85	850	1 70	17	170	1,700	2 55	25 50	255	2,550	3 40	34	340	3,400
90	900	1 80	18	180	1,800	2 70	27 »»	270	2,700	3 60	36	360	3,600
95	950	1 90	19	190	1,900	2 85	28 50	285	2,850	3 80	38	380	3,800

EXPERTISES

TARIF d'application en parties aliquotes.		DE 1f A 1,000f.				DE 2f A 2,000f.				DE 3f A 3,000f.				DE 4f A 4,000f.			
		F. 1	F. 10	F. 100	F. 1000	F. 2	F. 20	F. 200	F. 2,000	F. 3	F. 30	F. 300	F. 3,000	F. 4	F. 40	F. 400	F. 4,000
		c.	f. c.	f.	f.	f. c.	f.	f.	f.	f. c.	f. c.	f.	f.	f. c.	f.	f.	f.
1/20me	sur	5	» 50	5	50	» 10	1	10	100	» 15	1 50	15	150	» 20	2	20	200
2/20	id.	10	1 »»	10	100	» 20	2	20	200	» 30	3 »»	30	300	» 40	4	40	400
3/20	id.	15	1 50	15	150	» 30	3	30	300	» 45	4 50	45	450	» 60	6	60	600
4/20	id.	20	2 »»	20	200	» 40	4	40	400	» 60	6 »»	60	600	» 80	8	80	800
5/20	id.	25	2 50	25	250	» 50	5	50	500	» 75	7 50	75	750	1 »»	10	100	1,000
6/20	id.	30	3 »»	30	300	» 60	6	60	600	» 90	9 »»	90	900	1 20	12	120	1,200
7/20	id.	35	3 50	35	350	» 70	7	70	700	1 05	10 50	105	1.050	1 40	14	140	1,400
8/20	id.	40	4 »»	40	400	» 80	8	80	800	1 20	12 »»	120	1,200	1 60	16	160	1,600
9/20	id.	45	4 50	45	450	» 90	9	90	900	1 35	13 50	135	1,350	1 80	18	180	1,800
10/20	id.	50	5 »»	50	500	1 »»	10	100	1,000	1 50	15 »»	150	1,500	2 »»	20	200	2,000
11/20	id.	55	5 50	55	550	1 10	11	110	1,100	1 65	16 50	165	1,660	2 20	22	220	2,200
12/20	id.	60	6 »»	60	600	1 20	12	120	1.200	1 80	18 »»	180	1,800	2 40	24	240	2,400
13/20	id.	65	6 50	65	650	1 30	13	130	1,300	1 95	19 50	195	1,950	2 60	26	260	2,600
14/20	id.	70	7 »»	70	700	1 40	14	140	1,400	2 10	21 »»	210	2,100	2 80	28	280	2,800
15/20	id.	75	7 50	75	750	1 50	15	150	1,500	2 25	22 50	225	2,250	3 »»	30	300	3,000
16/20	id.	80	8 »»	80	800	1 60	16	160	1,600	2 40	24 »»	240	2,400	3 20	32	320	3,200
17/20	id.	85	8 50	85	850	1 70	17	170	1,700	2 55	25 50	255	2,550	3 40	34	340	3,400
18/20	id.	90	9 »»	90	900	1 80	18	180	1,800	2 70	27 »»	270	2,700	3 60	36	360	3,600
19/20	id.	95	9 50	95	950	1 90	19	190	1,900	2 85	28 50	285	2,850	3 80	38	380	3,800

TABLEAU indiquant le produit ou la conversion

DE 5f A 5,000f.				DE 6f A 6,000f.				DE 7f A 7,000f.			
F. 5	F. 50	F. 500	F. 5,000	F. 6	F. 60	F. 600	F. 6,000	F. 7	F. 70	F. 700	F. 7.0
f. c.	f. c.	f.	f.	f. c.	f.	f.	f.	f. c.	f. c.	F.	f
» 25	2 50	25	250	» 30	3	30	300	» 35	3 50	35	3
» 50	5 »»	50	500	» 60	6	60	600	» 70	7 »»	70	7
» 75	7 50	75	750	» 90	9	90	900	1 05	10 50	105	1,0
1 »»	10 »»	100	1,000	1 20	12	120	1,200	1 40	14 »»	140	1,
1 25	12 50	125	1,250	1 50	15	150	1,500	1 75	17 50	175	1,
1 50	15 »»	150	1,500	1 80	18	180	1,800	2 10	21 »»	210	2,
1 75	17 50	175	1,750	2 10	21	210	2,100	2 45	24 50	245	2,
2 »»	20 »»	200	2,000	2 40	24	240	2,400	2 80	28 »»	280	2,
2 25	22 50	225	2,250	2 70	27	270	2,700	3 15	31 50	315	3,
2 50	25 »»	250	2,500	3 »»	30	300	3,000	3 50	35 »»	350	3,
2 75	27 50	275	2,750	3 30	33	330	3,300	3 85	38 50	385	3,
3 »»	30 »»	300	3,000	3 60	36	360	3,600	4 20	42 »»	420	4,
3 25	32 50	325	3,250	3 90	39	390	3,900	4 55	45 50	455	4,
3 50	35 »»	350	3,500	4 20	42	420	4,200	4 90	49 »»	490	4,
3 75	37 50	375	3,750	4 50	45	450	4,500	5 25	52 50	525	5,
4 »»	40 »»	400	4,000	4 80	48	480	4,800	5 60	56 »»	560	5.
4 25	42 50	425	4,250	5 10	51	510	5,100	5 95	59 50	595	5,
4 50	45 »»	450	4,500	5 40	54	540	5,400	6 30	63 »»	630	6,
4 75	47 50	475	4,750	5 70	57	570	5,700	6 65	66 50	665	6,

TABLEAU indiquant le produit ou la conversion des vingtièmes alloués en argent.

DE 5^{f} A 5,000^{f}.				DE 6^{f} A 6,000^{f}.				DE 7^{f} A 7,000^{f}.				DE 8^{f} A 8,000^{f}.				DE 9^{f} A 9,000^{f}.			
F. 5	F. 50	F. 500	F. 5,000	F. 6	F. 60	F. 600	F. 6,000	F. 7	F. 70	F. 700	F. 7.000	F. 8	F. 80	F. 800	F. 8,000	F. 9	F. 90	F. 900	F. 9,000
f. c	f. c.	f.	f.	f. c.	f.	f.	f.	f. c.	f. c.	F.	f.	f. c.	f.	f.	f.	f. c.	f. c.	f.	f.
» 25	2 50	25	250	» 30	3	30	300	» 35	3 50	35	350	» 40	4	40	400	» 45	4 50	45	450
» 50	5 »»	50	500	» 60	6	60	600	» 70	7 »»	70	700	» 80	8	80	800	» 90	9 »»	90	900
» 75	7 50	75	750	» 90	9	90	900	1 05	10 50	105	1,050	1 20	12	120	1,200	1 35	13 50	135	1.350
1 »»	10 »»	100	1,000	1 20	12	120	1,200	1 40	14 »»	140	1,400	1 60	16	160	1,600	1 80	18 »»	180	1,800
1 25	12 50	125	1,250	1 50	15	150	1,500	1 75	17 50	175	1,750	2 »»	20	200	2,000	2 25	22 50	225	2,250
1 50	15 »»	150	1,500	1 80	18	180	1,800	2 10	21 »»	210	2,100	2 40	24	240	2,400	2 70	27 »»	270	2,700
1 75	17 50	175	1,750	2 10	21	210	2,100	2 45	24 50	245	2,450	2 80	28	280	2,800	3 15	31 50	315	3,150
2 »»	20 »»	200	2,000	2 40	24	240	2,400	2 80	28 »»	280	2.800	3 20	32	320	3,200	3 60	36 »»	360	3.600
2 25	22 50	225	2,250	2 70	27	270	2,700	3 15	31 50	315	3,150	3 60	36	360	3,600	4 05	40 50	405	4,050
2 50	25 »»	250	2,500	3 »»	30	300	3,000	3 50	35 »»	350	3,500	4 »»	40	400	4,000	4 50	45 »»	450	4.500
2 75	27 50	275	2,750	3 30	33	330	3,300	3 85	38 50	385	3,850	4 40	44	440	4,400	4 95	49 50	495	4,950
3 »»	30 »»	300	3,000	3 60	36	360	3,600	4 20	42 »»	420	4,200	4 80	48	480	4,800	5 40	54 »»	540	5,400
3 25	32 50	325	3,250	3 90	39	390	3,900	4 55	45 50	455	4,550	5 20	52	520	5,200	5 85	58 50	585	5,850
3 50	35 »»	350	3,500	4 20	42	420	4,200	4 90	49 »»	490	4,900	5 60	56	560	5,600	6 30	63 »»	630	6,300
3 75	37 50	375	3.750	4 50	45	450	4,500	5 25	52 50	525	5,250	6 »»	60	600	6,000	6 75	67 50	675	6,750
4 »»	40 »»	400	4,000	4 80	48	480	4,800	5 60	56 »»	560	5.600	6 40	64	640	6,400	7 20	72 »»	720	7,200
4 25	42 50	425	4.250	5 10	51	510	5,100	5 95	59 50	595	5,950	6 80	68	680	6,800	7 65	76 50	765	7,650
4 50	45 »»	450	4 500	5 40	54	540	5,400	6 30	63 »»	630	6,300	7 20	72	720	7,200	8 10	81 »»	810	8,100
4 75	47 50	475	4,750	5 70	57	570	5,700	6 65	66 50	665	6,650	7 60	76	760	7,600	8 55	85 50	855	8,550

www.ingramcontent.com/pod-product-compliance
Lightning Source LLC
LaVergne TN
LVHW050427160826
845677LV00002BA/571

* 9 7 8 2 3 2 9 6 9 1 6 0 2 *